北歐三明治蛋糕

以吐司為基底，三道工序、免烤箱、免烤模，
41道三明治蛋糕輕鬆上桌

Cakewich

日本三明治協會／著　連雪雅／譯

北欧生まれのおもてなしサンドイッチ「Cakewich」ケーキイッチ

Introduction

介紹

前言

　　「三明治蛋糕（cakewich）」是指「裝飾成蛋糕般的三明治」。據說在北歐的家庭，這種像蛋糕的三明治（瑞典語稱為「smörgåstårta」）自古以來被當成特殊節日的宴客料理。本書將此料理融入獨特的創意，構思出嶄新的宴客三明治食譜，取名為「三明治蛋糕」。

　　除了代替餐點，也可當作甜點享用，形狀、大小與味道都相當豐富多變。賞心悅目的外觀，為餐桌增色不少，與一般的三明治截然不同，這就是「三明治蛋糕」的魅力。

　　我曾在三明治的正宗發源地英國住過一段時間。在那兒，我品嚐到許多日本從未見過的各國美味三明治。回到日本後，我滿懷熱情想讓更多人認識三明治的魅力，以及知道如何享用，於是和在英國認識的同好一起設立了日本三明治協會。協會目前不只舉辦「三明治蛋糕課程」，還有協會認定的「三明治蛋糕指導員培育講座」。今後將陸續向大眾介紹更多來自英國與世界各地的三明治，以及創新的三明治吃法。

　　各位若在本書中找到喜歡的「三明治蛋糕」食譜，請務必試做看看，相信在歡慶喜事的午宴、溫馨的家庭派對等各種宴客場合都能派上用場。別出心裁的「三明治蛋糕」讓做的人與吃的人都開心滿意。來吧！和我們一同享受嶄新的三明治蛋糕饗宴！

一般社團法人　日本三明治協會　會長
memi／唯根命美

Contents

目次

• • •
Part 1
Meal Cakewich

◆◆◆

Part 2
Sweet Cakewich

cooking: memi(Memi Yuine　Japan Sandwich Asssociation)
photography: Takako Hirose
food styling: Kanako Sasaki
cooking assistant: Ayako Okada / Katsura Mizuno(Japan Sandwich Asssociation)
support: Tomoko Hinonishi(Japan Sandwich Asssociation) Imi Vickers
edit: Ryoko Tanji
book design: Mina Hanawa(ME&MIRACO)
produce: Yumi Horie(PARCO CO.,LTD.)

How to Make Cakewich

三明治蛋糕的作法

在此為各位介紹三明治蛋糕的基本製作步驟。接下來的食譜,將會省略詳細的作法說明,動手前,請務必詳讀這個部分。

事前準備

〔製作乳霜狀奶油〕

將恢復至常溫的無鹽奶油用抹刀或刮刀拌軟,拌至呈現柔滑的乳霜狀(pommade,法語的「軟膏」),即完成「乳霜狀奶油」。將它塗在麵包表面,可防止內餡食材或蔬菜出水弄濕麵包。此外,製作較大的三明治蛋糕時,塗在吐司側面可幫助黏合。

□ 剛從冰箱取出的奶油,質地較硬不易抹開,若塗在吐司上可能會造成表面破洞,所以務必使用乳霜狀奶油。

□ 乳瑪琳不適合用來黏合吐司,請務必使用奶油。

作法

Step 1

〔製作內餡〕

準備夾入吐司內的食材。

Step 2

〔排列吐司〕

製作小型三明治蛋糕時,通常會用刀裁切吐司,或用慕斯圈壓切。大型三明治蛋糕則是把吐司排成需要的形狀,常見的排列方式有4種:

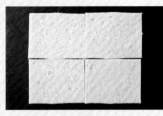

□ **四方形**
將4片吐司四角並排成大四方形,一邊約18~20cm。

□ **圓形(小)**
將吐司用直徑8cm的慕斯圈壓切成圓形。

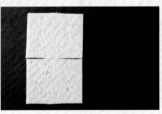

□ **長方形**
將2片吐司直向排列,排成約20×9cm的長方形。

□ **圓形(大)**
將4片剪成扇形的吐司,排成直徑約16cm的圓形(請參閱p.7上文)。

吐司的剪法

製作大的圓形三明治蛋糕時，先用烤盤紙做出紙型，再裁剪吐司。

a   b   c

1. 用圓規在烤盤紙上畫出直徑16cm的圓形（圖a）。
2. 剪下後，摺四折（圖b是攤開的樣子）。
3. 將摺好的烤盤紙置於吐司上，用剪刀裁剪成扇形（圖c）。

☐ 用菜刀不易裁出平滑的曲線，建議使用廚房剪刀。
☐ 請細心裁剪，若吐司形狀不整齊，做不出漂亮的三明治蛋糕。

Step 3

〔夾餡〕

1	2	3	4	5
在排列好的吐司側面塗抹乳霜狀奶油，黏合吐司。	在吐司的表面塗抹乳霜狀奶油。	將準備好的內餡先依層數均分（例如2層＝1／2＋1／2），均勻鋪排在吐司上。	放上雙面皆塗了乳霜狀奶油的吐司，接著做第2層。	重複相同步驟，完成需要的層數。擺放最後一片吐司後，包上保鮮膜，從上方輕壓整型。

Step 4

〔裝飾〕

1		2	3	
將裝飾用奶油用抹刀塗抹整體。	☐ 先抹薄薄一層打底，再一層層塗厚，最後把表面抹平，這樣就會很漂亮。	把裝飾用奶油填入裝有花嘴的擠花袋，擠出奶油做裝飾。	最後擺上蔬菜或水果、火腿等裝飾用食材。放進冰箱冷藏約1小時，讓奶油變硬定型，美味好看的三明治蛋糕就完成了。	☐ 如果不打算馬上吃，最後的裝飾先別擺上，先放進冰箱冷藏，要食用之前再完成裝飾，以免破壞外觀。

Decoration Cream

7種裝飾用奶油的作法

接下來介紹7種基本款裝飾用奶油的作法。
以方便製作的量（基本量）為範例，請再依三明治蛋糕的大小做調整
。

A. 起司奶油

最基本的裝飾用奶油，用在與奶油起司很搭
的食材。依奶油起司的狀態（硬度）調整牛
奶的量。

材料

奶油起司……200g
牛奶……1～2大匙

作法

奶油起司放入調理盆，用橡皮刮刀拌軟後，加
牛奶充分拌勻。

B. 薯泥奶油

薯泥做成的裝飾奶油。將薯泥拌至柔滑狀，
做裝飾時比較好抹開。

材料

馬鈴薯（男爵）……500～550g
奶油……約30g
牛奶……約15ml
鮮奶油……約10ml
鹽、胡椒……適量

作法

煮一大鍋水加鹽（材料分量外），馬鈴薯去皮
後下鍋，煮至可用竹籤輕鬆穿透的軟度。撈起
瀝乾水分，用馬鈴薯壓泥器壓爛，加其他材料
混拌。調味並拌成容易抹開的軟度。

□ 馬鈴薯的含水量依品種而異，請自行斟酌調整奶
　油、牛奶、鮮奶油的量。
□ 馬鈴薯水煮後，先用粉篩或網篩壓成泥，完成的
　薯泥會更柔滑。

C. 豆漿奶油

健康的豆漿鮮奶油。可用於素食三明治蛋
糕，因為很順口，搭配各種三明治蛋糕也很
對味。

材料

豆漿鮮奶油……100ml
低脂美乃滋……30g

作法

將豆漿鮮奶油倒入調理盆，底部泡冰水攪打至
8分發的狀態後，再加美乃滋混拌。

D. 酸奶油

適合用在與酸味很搭的墨西哥風味或東南亞
風味的三明治蛋糕。柔滑容易抹開，不必加
其他材料，直接使用即可。

E. 起司糖霜奶油

用於製作甜點三明治蛋糕的甜味起司奶油。
味道有如生起司蛋糕，搭配水果也很對味。

材料

奶油起司……200g
糖粉……4大匙
鮮奶油（35%）……1～2大匙

作法

將奶油起司放入調理盆，用橡皮刮刀拌軟後，
篩入糖粉、加鮮奶油充分拌勻。

□ 加糖粉時，請留意不要結塊。

F. 馬斯卡彭奶油

滋味濃郁深厚的馬斯卡彭奶油。除了基本的
提拉米蘇，也可混合抹茶，用於日式口味的
三明治蛋糕。

材料

馬斯卡彭起司……250g
蛋黃……2顆的量
細砂糖……30g
香草莢（刮取莢內的香草籽）……1/2根

作法

調理盆內放入蛋黃、細砂糖，攪拌至變白黏稠
的膨發狀。再依序加香草籽、馬斯卡彭起司拌
勻。

G 優格奶油

清爽的優格奶油。因為得將優格脫水，稍微
有點費工費時，但有著會令人上癮的好味
道。

材料

水切優格（希臘優格）……150g
糖粉……20g
鮮奶油（35%）……50ml

作法

在網篩內鋪放廚房紙巾，倒入1盒優格（400g）
靜置數小時至一晚後，瀝乾水分。取150g放進
調理盆，篩入糖粉、加入打至8分發的鮮奶油
拌勻。

Tools

器具

以下介紹製作三明治蛋糕的必要器具，多為一般製作糕點的常見用品。同時也介紹可提升便利性的輔助器具。

必備器具

A. 量杯、量匙
準確測量材料的分量。

B. 調理碗
用於裝飾用奶油或內餡的製作。打發鮮奶油時必須泡冰水，準備2個比較方便。

C. 抹刀
用於塗抹裝飾用奶油，或是把做好的三明治蛋糕移入盤子。請依個人需求，找到順手，且長度、柔軟度適中的款式。

D. 橡皮刮刀
用於混拌奶油等材料。因製作卡士達醬時，鍋子是直接放在爐上加熱，建議選擇耐熱性佳的刮刀。

E. 打蛋器
用於打發鮮奶油、攪拌材料。

F. 手提式電動攪拌機
若已有打蛋器就不需要了。不過，用來打發鮮奶油相當省時、方便。

G. 擠花袋、花嘴
用於最後裝飾用的奶油。比起可水洗重複使用的款式，建議選購平價商店也有賣的拋棄式擠花袋，方便且衛生。本書多使用圓形（細口：＃4、粗口：＃9）與星形的花嘴。

H. 電子秤
用於秤量材料的重量，電子秤較為方便。

I. 慕斯圈
用來把吐司壓成圓形。本書選用直徑8cm款式，可將市售吐司壓出最大尺寸。

J. 廚房剪刀
用於修剪吐司。

K. 烤盤紙
用於製作吐司（圓形）紙型。

方便的輔助器具

L. 刨切器
需要將小黃瓜或櫛瓜削成薄片時，如果有左下圖那種可調整刀片厚度的刨切器就很方便。

M. 包餡匙
雖然是用來包餡的器具，塗抹乳霜狀奶油時，用這個比抹刀更方便快速。

N. 香料剪刀
可將香草剪碎的五刃剪刀。作者用的是自歐洲購得，透過網路也能買得到。

O. 濾茶網
用於糖粉或低筋麵粉的過篩，或是過濾有結塊的奶油糊。盡量選擇網眼小一點的款式。

P. 保存容器
大尺寸的保存容器方便存放大型三明治蛋糕，也可將大一點的密封容器倒放替用。

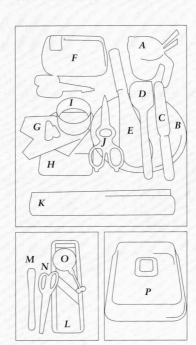

其他說明

■ 吐司

除非有特別標示，本書使用的吐司皆為12片裝（約寬10×長9cm）的市售吐司（此為日本常見尺寸）。因為大小均一，方便塑形。三明治蛋糕通常是選用10～12片裝的薄吐司。你也可直接選擇你喜愛的麵包店吐司即可，但各店家的吐司厚度不一，請再自行調整。吐司邊需先切除。

■ 食材

三明治蛋糕是很簡單的料理，美味關鍵在於食材的好壞，請務必嚴選食材。

■ 分量

本書中標示的內餡與裝飾用材料的分量皆為參考，請依個人喜好斟酌、自行調整。

■ 保存方法

為避免三明治蛋糕變乾，請裝在大一點的保存容器（請參閱p.10）放進冰箱冷藏。若沒有專用的容器，也可將大尺寸的密封容器倒放作為替代。

■ 享用方式

當作切蛋糕般，切塊盛盤，用刀叉享用。

■ 保存期限

因為多是使用生鮮食材，建議於製作當日吃完。尤其是用了水分較多的食材時，最好盡早食用完畢。

Part 1

Meal
Cakewich

鹹式三明治蛋糕的外觀看似蛋糕，

切開來卻是正宗的三明治。

吃到的人往往會因外觀和味道的落差大為驚喜。

是讓人能品嚐到滿滿心意的「款待料理」。

Cottage Pie Cakewich

農舍派三明治蛋糕

英國「農舍派」（Cottage Pie）是將燉煮過的牛絞肉鋪上薯泥再放進烤箱烤的一道傳統家常菜。讓我們把它做成三明治蛋糕吧。以薯泥奶油做裝飾，用色彩鮮豔的蔬菜排出英倫格紋。不分男女老少都愛的順口好滋味 。

材料〔約寬15×長18×高8cm 1個〕

白吐司……9片
薯泥奶油……適量
　（作法請參閱p.6）

□ 內餡
牛絞肉……500g
洋蔥（切末）……1個
胡蘿蔔（切末）……1根
青豆仁……1罐（55g）
麵粉……2大匙
牛高湯……500ml
　（牛肉高湯塊2個加500ml的水）
月桂葉……1片
伍斯特醬……1大匙
番茄糊……1大匙
沙拉油……1大匙
鹽、黑胡椒……適量

□ 裝飾用奶油
薯泥奶油……400〜500g
　（作法請參閱p.9）

□ 裝飾用食材
胡蘿蔔……適量
黃櫛瓜……適量
黃甜椒……適量

作法

Step 1
〔製作內餡〕

1. 鍋內倒沙拉油加熱，洋蔥末與胡蘿蔔末下鍋拌炒，再加牛絞肉一起炒，以鹽、黑胡椒調味。
2. 篩入麵粉，確實炒熟後，加入牛高湯。
3. 接著加月桂葉、伍斯特醬、番茄糊，燉煮約30分鐘，直到湯汁變少（燉煮過程中若出現浮沫請撈除）。
4. 最後加青豆仁，以鹽、黑胡椒調味。取出月桂葉，倒入托盤等容器攤平放涼。

Step 2
〔排列吐司〕

1. 3片吐司對半縱切。
2. 將2片吐司與2片切半的吐司放在盤內，擺成約寬15×長18cm的四方形。

Step 3
〔夾餡〕

請參閱p.7「三明治蛋糕的作法」Step 3的1〜5，做成2層。

□ 內餡的量請依個人喜好斟酌。

Step 4
〔裝飾〕

1. 整體均勻地塗抹薯泥奶油。
2. 裝飾食材用削皮器削成薄片，依照三明治蛋糕的長寬切斷，交疊排成格紋。

Point

燉煮內餡時，請小心別煮焦。裝飾的格紋是把櫛瓜與甜椒疊在一起，不放櫛瓜也沒關係。本書使用的是「李派林（LEA & PERRINS）」（圖a）的伍斯特醬。

a

Coronation Chicken Cakewich

加冕雞三明治蛋糕

加冕雞是伊莉莎白女王在加冕典禮的餐會上宴請賓客的傳統料理。這在英國也是很受歡迎的三明治餡。咖哩風味的雞肉與葡萄乾吐司、杏仁片形成絕妙的搭配。

材料〔約寬9×長11×高4cm的三角形4個〕

葡萄乾吐司……4片
乳霜狀奶油（作法請參閱p.6）……適量

□ 內餡
雞腿肉……1塊（280～300g）

A｜熱水……500ml
　｜原味高湯粉……適量
　｜月桂葉……1片
　｜鹽……適量

B｜洋蔥（切末）……60g
　｜美乃滋……100～120g
　｜優格……40g
　｜市售的印度酸辣醬……1大匙
　｜咖哩粉……1小匙
　｜薑黃粉……少許

鹽……適量
芝麻菜……1～2束

□ 裝飾用食材
高麗菜心（依個人喜好斟酌）……適量
杏仁片……適量

作法

Step 1
〔製作內餡〕
1. 製作加冕雞，將雞腿肉切成2～3等分。
2. 鍋內倒入A加熱，煮成略濃的湯汁。
3. 雞腿肉下鍋，以小火加熱，以免湯汁煮滾。煮至雞肉熟透，起鍋稍微放涼，撕碎備用。
4. 把B的洋蔥末泡水，去除嗆辣味，用廚房紙巾擦乾水分。
5. 將3與B倒入調理碗混拌，最後以鹽調味。

Step 2
〔排列吐司〕
把4片葡萄乾吐司去邊，切成正方形，放在砧板上。

Step 3
〔夾餡〕
1. 在2片塗了乳霜狀奶油的吐司上放適量的加冕雞，剩下的2片多放些撕碎的芝麻菜，各自對半斜切，切成三角形。
2. 將切好的吐司兩兩一組擺在盤內，即加冕雞＋芝麻菜為一組。
□ 要吃的時候，把兩種內餡朝內對齊夾住。

Step 4
〔裝飾〕
擺上用鹽水煮過並切片的高麗菜心、杏仁片即完成。

Point
建議多放一些芝麻菜。雞肉用鮮美的湯汁慢火燉煮，會相當入味。剩下的湯汁留有雞肉的鮮味，請保存起來用於其他料理的烹調。

Fish & Chips Cakewich

炸魚薯條三明治蛋糕

說起英國代表性的料理，莫過於炸魚薯條！本書也將這道國民美食做成了三明治蛋糕。正統吃法是把炸魚薯條淋上大量的麥芽醋，各位請酌量享用。建議搭配健力士黑啤酒（GUINNESS）一起品嚐！

材料〔約寬9×長20×高6cm 1條〕

白吐司……6片
乳霜狀奶油（作法請參閱p.6）……適量
麥芽醋（圖a）……適量

□ 內餡
生鱈魚片……4塊

A 低筋麵粉……120g
太白粉……2大匙
泡打粉……1／4小匙
紅椒粉……1／4小匙
大蒜粉……1／4小匙
鹽……適量
黑胡椒……少許

氣泡水（或啤酒）……170～180ml

B 水煮蛋（切末）……3顆
洋蔥（切末）……60g（約1／4個）
醋醃菜（酸黃瓜等，切末）……50g
美式美乃滋（圖b）……60～70g
鹽、胡椒……少許

□ 裝飾用奶油
酸奶油（作法請參閱p.9）……300g

□ 裝飾用食材
冷凍薯條……250～300g
炸油……適量
芝麻菜、綠色小番茄……各適量

a

b

作法

Step 1
〔製作內餡〕
1. 將生鱈魚片切成一口大小並劃開，這樣比較好夾入吐司。以適量的鹽、胡椒及酒（材料分量外）醃漬調味。
2. 調理碗內倒入A，拌勻後加氣泡水，調成麵糊。把生鱈魚片沾裹麵糊下鍋，以180℃油炸（炸油為材料分量外）。
3. 製作塔塔醬：洋蔥末泡水，去除嗆辣味，用廚房紙巾擦乾水分。取一調理碗，倒入B的所有材料混拌。

Step 2
〔排列吐司〕
將2片吐司放在盤內排成長方形。

Step 3
〔夾餡〕
請參閱p.7「三明治蛋糕的作法」Step 3的1～5，做成2層。

□ 先把吐司用塔塔醬抹勻，再擺上炸鱈魚片。

Step 4
〔裝飾〕
1. 冷凍薯條用180℃的炸油炸熟後，撒些許的鹽（材料分量外）。
2. 整體均勻地塗抹酸奶油，取一部分的酸奶油填入裝了細圓形花嘴的擠花袋，在上面擠出圍邊，中間也擠上斜線。
3. 用1的炸薯條貼滿側面，上面的斜線部分也要放。
4. 最後擺上芝麻菜及綠色小番茄做裝飾即完成。

Point
冷凍薯條是使用極細的「細脆薯條」。盡量挑直一點的薯條，裝飾起來比較漂亮。趁著剛出爐，依個人喜好淋上麥芽醋享用。

Roast Beef Cakewich

烤牛肉三明治蛋糕

烤牛肉是具英國代表性的料理，也是三明治的經典餡料。以西洋菜和辣根做點綴，豪華的裝飾特別適合華麗祝宴或派對，是人氣「按讚」美味。搭配香檳或葡萄酒相當對味。

材料〔直徑10×高5＋直徑16×高5cm 1個〕

全麥吐司（8片或10片裝）……18片
（下層12片＋上層6片）
乳霜狀奶油（作法請參閱p.6）……適量

□ 內餡
市售烤牛肉……300～350g
洋蔥（切成寬5mm的圓片）……1個
醬油……2大匙
日式高湯粉……少許
奶油……1～2小匙

A │ 美式美乃滋……30g
  │ 辣根（西洋山葵）……1小匙

西洋菜……1～2束

□ 裝飾用奶油
起司奶油……基本量的2倍
（作法請參閱p.9）

□ 裝飾用食材
紅蔥頭（切細末）……適量

作法

Step 1
〔製作內餡〕

1. 西洋菜切成約2cm長（把小一點的葉片留作裝飾）。
2. 製作炒洋蔥：洋蔥片用醬油、日式高湯粉拌一拌，泡5～10分鐘，微波加熱至變軟。平底鍋內倒沙拉油（材料分量外）加熱，洋蔥下鍋炒到變褐色且入味。試吃後，覺得味道不夠，可酌量加醬油和日式高湯粉（皆為材料分量外）調味。最後加奶油拌炒，倒入托盤等容器攤平放涼。
3. 拌勻A，做成辣根美乃滋。

Step 2
〔排列吐司〕

請參閱p.7「三明治蛋糕的作法」Step 2的吐司剪法，剪好後擺在盤內排成圓形。
□ 下層：把12片吐司用直徑16cm的紙型修剪，4片排成一個圓。
上層：把6片吐司用直徑10cm的紙型（先對摺）修剪，2片排成一個圓。

Step 3
〔夾餡〕

1. 請參閱p.7「三明治蛋糕的作法」Step 3的1～5，下層的部分做成2層。
□ 吐司表面塗的是辣根美乃滋，而非乳霜狀奶油。
□ 依序且均勻擺上1／3量的烤牛肉、炒洋蔥、西洋菜。
2. 以同樣的方式製作上層的2層。
□ 將剩下的夾餡各分為1／2的量，依序擺放。

Step 4
〔裝飾〕

1. 上下兩層皆均勻地塗抹起司奶油，放進冰箱冷藏約1小時，讓奶油定型。
2. 上下兩層重疊，最後擺上西洋菜與紅蔥頭末做裝飾。

Point
使用市售軟管包裝的辣根醬比較方便。美乃滋的油分相當於奶油，所以吐司表面不再塗乳霜狀奶油，但吐司側面接合處請記得塗抹乳霜狀奶油。

Apple & Stilton Cakewich

蘋果＆史帝爾頓起司三明治蛋糕

史帝爾頓起司是英國具代表性的藍紋起司（藍乳酪），與蘋果、核桃奶油搭在一起超美味，也是起司拼盤（cheese platter）常見的組合。這款三明治蛋糕和葡萄酒非常搭，可當前菜也可當下酒菜。請依個人喜好淋上蜂蜜享用。

材料〔約寬3×長10×高5cm 3塊〕

白吐司……3片
核桃奶油
　　乳霜狀奶油……50g
　　烤過的核桃（切碎）……25g

□ 內餡
紅蘋果、青蘋果……各1個
　　（各取適量用於裝飾）
史帝爾頓起司（圖a）……適量

□ 裝飾用奶油
起司奶油（作法請參閱p.9）……150g
史帝爾頓起司（圖a）……30g

□ 裝飾用食材
檸檬汁……適量
烤過的核桃（切碎）……適量
薄荷……適量
蜂蜜（依個人喜好斟酌）……適量

作法

Step 1

〔製作核桃奶油〕
將乳霜狀奶油與烤過的核桃拌勻。
〔製作內餡〕
依三明治蛋糕寬度，將蘋果切成寬約2.8cm的半月形塊狀，再切成厚約7mm的片狀。

Step 2

〔排列吐司〕
1. 每片吐司切成3等分，各自排在盤內。

Step 3

〔夾餡〕
請參閱p.7「三明治蛋糕的作法」Step 3的1～5，做成2層。

□ 以核桃奶油取代乳霜狀奶油。

□ 先擺蘋果（第1層紅蘋果、第2層青蘋果），再撒上適量撕碎的史帝爾頓起司。

Step 4

〔裝飾〕
1. 裝飾用的蘋果切成薄片後，淋上檸檬汁。
2. 起司奶油與史帝爾頓起司混拌，做成裝飾用奶油。

□ 可保留起司的顆粒感，裝飾用奶油的硬度請依起司奶油的牛奶量做調整。

3. 整體均勻地塗抹裝飾用奶油。
4. 交疊擺放裝飾用的蘋果片，最後擺上核桃與薄荷做裝飾。

Point

史帝爾頓起司的鹹味比其他藍紋起司略重，不習慣的人可改用丹麥藍起司或古岡左拉起司等較順口的藍紋起司。

a

Vegetarian Salad Cakewich

蔬食沙拉三明治蛋糕

使用胡蘿蔔沙拉、南瓜、蘆筍等大量蔬菜與豆漿奶油做成的健康料理。色彩繽紛，活用蔬菜原色的巧思設計。搭配沙拉或湯品、蔬果昔等，就是一頓飽足無負擔的午餐。

材料〔約寬9×長20×高6cm 1條〕

白吐司……8片
乳霜狀奶油……適量
　（作法請參閱p.6）

◻ 內餡

A 胡蘿蔔（切細絲）……150g（約1根）
　鹽……少許
　檸檬汁……1大匙
　特級初榨橄欖油……1／2～1大匙
　葡萄乾……適量
　鹽、胡椒……適量

B 南瓜（切滾刀塊）……淨重180～200g
　美乃滋……適量
　鹽、胡椒……適量

C 蘆筍……10根
　大蒜（切末）……1瓣
　奶油……10g
　鹽、黑胡椒……適量

◻ 裝飾用奶油

豆漿奶油……基本量
　（作法請參閱p.9）

◻ 裝飾用食材

小黃瓜、黃色小番茄（切圓片）、蘆筍（水煮後斜切片）、毛豆（水煮過）、萵苣纈草（Mache）、芥菜苗、白色食用花……各適量

作法

Step 1

〔製作內餡〕

1. 用材料A製作胡蘿蔔沙拉：將胡蘿蔔絲撒上少許鹽揉拌，靜置一段時間，等到變軟出水後，仔細擠乾水分，放入調理碗與其他材料混拌、調味。

2. 用材料B製作南瓜沙拉：南瓜放進鹽水煮，煮至可用竹籤輕鬆穿透的軟度，以網篩撈起瀝乾水分。放入調理碗，用叉背等壓爛，加其他材料調味。

3. 用材料C製作蒜香蘆筍：蘆筍切除根部與莖上鱗片，再用削皮刀削掉硬皮，斜切成寬5mm的片狀。平底鍋內放奶油與蒜末加熱，蘆筍下鍋拌炒，以鹽、黑胡椒調味。

Step 2

〔排列吐司〕

將2片吐司放在盤內排成長方形。

Step 3

〔夾餡〕

請參閱p.7「三明治蛋糕的作法」Step 3的1～5，夾成3層。

◻ 第1層是胡蘿蔔沙拉、第2層南瓜沙拉、第3層是蒜香蘆筍，各取適量夾入。

Step 4

〔裝飾〕

1. 整體均勻地塗抹豆漿奶油。

2. 小黃瓜縱切成略厚的片狀，用廚房紙巾等擦乾水分後，以橫向的方式圍貼於側面。

3. 最後擺上其他的裝飾用蔬菜即完成。

Point

為了讓三明治蛋糕切開後的斷面呈現美麗層次，各層內餡的量（厚度）要維持均等。白吐司換成雜糧吐司也很對味。裝飾用的蔬菜如果有剩，請拿來做成沙拉等其他料理。

Caprese Cakewich

義式番茄起司沙拉三明治蛋糕

把莫札瑞拉起司、新鮮番茄與羅勒組成的義式前菜，加上青醬做成三明治蛋糕。許多人
都愛這一味，吃起來很順口，適合當作多人聚餐或派對的餐點。

材料〔直徑16×高8cm 1個〕

白吐司……12 片
乳霜狀奶油……適量
　（作法請參閱p.6）

□ 內餡
A│青醬……100g
　│新鮮羅勒……15g
　│帕瑪森起司……2小匙
　│特級初榨橄欖油……少許

莫札瑞拉起司……250～300g
小番茄……20～30 個
新鮮羅勒……適量

□ 裝飾用奶油
起司奶油……基本量的 1.5 倍
　（作法請參閱p.9）

□ 裝飾用食材
小黃瓜、小番茄（對半縱切）、迷你番茄、
新鮮羅勒……各適量

作法

Step 1
〔製作內餡〕
1. 把材料A 倒入調理機，攪打成柔滑糊狀的青醬。
2. 莫札瑞拉起司切成厚約1cm 的片狀，小番茄對半切、擦乾水分。新鮮羅勒只摘取葉子使用。

Step 2
〔排列吐司〕
請參閱p.7「三明治蛋糕的作法」Step 2的吐司剪法，把吐司用直徑16cm的紙型修剪，擺在盤內排成圓形。

Step 3
〔夾餡〕
請參閱p.7「三明治蛋糕的作法」Step 3的1～5，做成2層。
□ 先取2～3大匙的青醬塗抹吐司，再均勻地擺上其他內餡。

Step 4
〔裝飾〕
1. 整體均勻地塗抹起司奶油。
2. 小黃瓜去皮，依三明治蛋糕側面的高度，縱切成略厚的片狀，用廚房紙巾等擦乾水分後，以縱向的方式圍貼於側面。
3. 最後擺上小番茄、迷你番茄與新鮮羅勒即完成。

Point
莫札瑞拉起司是美味關鍵，建議使用義大利產的新鮮起司。由於水分較多，請用廚房紙巾等確實擦乾水分。本書用的青醬是「Barilla百味來羅勒青醬」。另外，小黃瓜放久了會出水變軟，要吃之前再裝飾。

Mimosa Cakewich

金合歡三明治蛋糕

在義大利，3月8日的「國際婦女節」有送女性金合歡（Mimosa）的慶祝習俗。本書以此為發想，用雞蛋、玉米、蘆筍做出金合歡的可愛花束造型。專屬於女性的三明治蛋糕，動手做來和姊姊淘一起分享吧！

材料〔直徑16×高9cm 1個〕

白吐司……12片
乳霜狀奶油……適量
　（作法請參閱p.6）

◻ 內餡
綠葉萵苣……2～4片

A｜ 水煮蛋（切粗末）……3顆
　　玉米（罐頭）……50g
　　美乃滋……60～80g
　　鹽、胡椒……適量

◻ 裝飾用奶油
豆漿奶油……基本量
　（作法請參閱p.9）

◻ 裝飾用食材
水煮蛋……4～5顆
迷你蘆筍、綠葉萵苣……各適量

作法

Step 1
〔製作內餡〕
把A倒入調理碗混拌、調味。

◻ 美乃滋是用日本製與美國製的各半混合而成，可降低酸味，使味道變得溫醇。

Step 2
〔排列吐司〕
請參閱p.7「三明治蛋糕的作法」Step 2的吐司剪法，把吐司用直徑16cm的紙型修剪，擺在盤內排成圓形。

Step 3
〔夾餡〕
請參閱p.7「三明治蛋糕的作法」Step 3的1～5，做成2層。

◻ 先放1～2片隨意撕碎的綠葉萵苣，再均勻擺上1／2量的水煮蛋。第2層也是相同作法。

Step 4
〔裝飾〕
1. 整體均勻地塗抹豆漿奶油。
2. 將裝飾用的水煮蛋的蛋黃與蛋白分開，各自切成5mm的丁狀。
3. 迷你蘆筍用鹽水略煮後，泡水片刻後，瀝乾水分。
4. 迷你蘆筍配合三明治蛋糕的高度切斷根部，貼滿吐司的側面。
5. 最上方以綠葉萵苣裝飾外圍，蛋黃與蛋白切丁，分區擺在中央即完成。

Point
在三明治蛋糕的側面綁上緞帶就成了適合送人的禮物，緞帶也可用來固定蘆筍。裝飾用的水煮蛋如果不夠，用綠葉萵苣（材料分量外）鋪在下面墊高，自然創造分量感。

Prosciutto & Fig Cakewich

生火腿無花果三明治蛋糕

義大利帕爾馬（Parma）產的帕瑪生火腿與新鮮無花果，搭配奶油起司超對味。
因為非常適合配紅酒，也可當成下酒菜。非無花果產季時可使用其他水果。

材料〔約寬9×長20×高8cm 1個〕

白吐司……6片
乳霜狀奶油……適量
　（作法請參閱p.6）

□ 內餡
帕瑪生火腿……100g
無花果……2～3個
芝麻菜……適量
鹽……少許
無花果醬（低糖）……少許

□ 裝飾用奶油
起司奶油……基本量的1.5倍
　（作法請參閱p.9）

□ 裝飾用食材
生火腿……適量
無花果……1～2個
新鮮羅勒……適量

作法

Step 1
〔製作內餡〕
1. 無花果切成厚約5mm的片狀。
2. 芝麻菜的葉子切成約3～4cm的長度。

Step 2
〔排列吐司〕
將2片吐司放在盤內排成長方形。

Step 3
〔夾餡〕
請參閱p.7「三明治蛋糕的作法」Step 3的1～5，做成2層。

□ 先把吐司塗抹薄薄一層的無花果醬，接著均勻擺上生火腿、芝麻菜、無花果（一半分量）。第2層也是相同作法。

Step 4
〔裝飾〕
1. 整體均勻地塗抹起司奶油。
2. 取一部分的起司奶油填入裝有圓形花嘴的擠花袋，在上面擠出圍邊。
3. 擺上縱切成8～10等分的無花果、撕碎的生火腿、新鮮羅勒做裝飾。

Point
生火腿與無花果好不好吃是決定味道的關鍵，請盡可能選擇美味有品質的產品。另外，不習慣無花果醬甜味的人，不塗也沒關係。

German's Cakewich

德式風味三明治蛋糕

提起德國美食就會想到德式香腸＆酸菜！巧搭配蜂蜜芥末醬提味的美味組合。使用方便食
用的短棍麵包，搭配德國啤酒就成了輕便的午餐。配可樂或碳酸飲料當作下午的點心也
不錯。

材料〔約寬9×長20×高6cm 1條〕

短棍麵包……3條

□ 內餡

德式香腸……3條

沙拉油……少許

市售德式酸菜……60g

A │ 芥末籽醬……1大匙
  │ 蜂蜜……1大匙

□ 裝飾用奶油

薯泥奶油……150g

（作法請參閱p.9）

美乃滋……30g

□ 裝飾用食材

萵苣纈草（Mache）……適量

作法

Step 1

〔製作內餡〕

1. 拌勻材料A，做成蜂蜜芥末醬。
2. 德式香腸對半縱切，在已加熱的平底鍋內倒沙拉油，香腸下鍋煎至雙面微焦。

Step 2

〔排列吐司〕

短棍麵包對半橫切。

Step 3

〔夾餡〕

1. 把裝飾用的薯泥奶油與美乃滋拌勻，於對切後的一片麵包上塗抹薄薄一層，作為下層。
2. 依序擺上酸菜、蜂蜜芥末醬、德式香腸，蓋上另一半的麵包於上層。

Step 4

〔裝飾〕

1. 將 Step 3 剩下的奶油填入裝有星形花嘴的擠花袋，適量地擠在短棍麵包上。
2. 擺上萵苣纈草做裝飾。
3. 旁邊放蜂蜜芥末醬即完成。

□ 這款不像其他三明治蛋糕一樣需要冷藏，現做現吃最美味，完成後請趁熱享用。

Point

除了短棍麵包，用烤過的可頌等麵包做出來也很好吃。蜂蜜是用匈牙利產的洋槐蜜，各位可選用自己喜歡的蜂蜜。德式香腸是用Johnsonville的「巧達起司香腸」（圖a）。

a

Zebra Cakewich

斑馬三明治蛋糕

黑壓壓的墨魚麵包搭配白色的奶油起司，吸睛效果百分百！不過，其實這是橄欖與番茄乾的簡單迷你三明治蛋糕。外觀和味道的落差令人驚喜，小巧方便食用，可當作派對的前菜。

材料〔直徑6cm的圓形3個〕

墨魚棍子麵包……約1／2條

□ 內餡

罐裝紅心橄欖（stuffed olives）……1〜2大匙

油漬番茄乾……1〜2大匙

□ 裝飾用奶油

起司奶油……100〜200g

（作法請參閱p.9）

□ 裝飾用食材

罐裝紅心橄欖（對半切）……3個

義大利香芹……適量

作法

Step 1

〔製作內餡〕

紅心橄欖與番茄乾瀝乾湯汁，切成約5mm的丁狀。

Step 2

〔排列吐司〕

墨魚棍子麵包切成厚約7mm的片狀，總共準備9片。

Step 3

〔夾餡〕

1. 將起司奶油填入裝有星形花嘴的擠花袋，以畫圓的方式擠在3片麵包片上。
2. 撒上適量的紅心橄欖與番茄乾（內餡材料）。
3. 第2層也是相同作法。

Step 4

〔裝飾〕

第3層的麵包片同樣以畫圓的方式擠上奶油，中央擺放紅心橄欖與義大利香芹（裝飾用材料）。

Point

本書是用「Gontran Cherrier」烘焙坊的墨魚麵包。除了黑色，各位可使用其他的有色麵包，自行組合。內餡的料也可換成自己喜歡的食材。

Salmon Tartare & Avocado Cakewich
燻鮭塔塔醬＆酪梨三明治蛋糕

Salmon Tartare & Avocado Cakewich

燻鮭塔塔醬＆酪梨三明治蛋糕

將常見的煙燻鮭魚×酪梨做成塔塔醬風味。雖然煙燻鮭魚要切成丁狀，使用切剩的邊肉也OK，口感柔軟的美味燻鮭做起來會更好吃。從外觀很難想像內容物是什麼，切開後令人驚喜。

材料〔約寬20×長18×高7cm 1個〕

全麥吐司（8片或10片裝）……12片
乳霜狀奶油……適量
（作法請參閱p.6）

▢ 內餡

A｜煙燻鮭魚（切成約5mm的丁狀）……300g
　｜洋蔥（切末）……120g（約1／2個）
　｜香蔥（切成蔥花）……2大匙
　｜檸檬汁……2大匙
　｜美乃滋……80～100g
　｜鹽、胡椒……適量

酪梨……5～6個
檸檬汁……適量

▢ 裝飾用奶油
起司奶油……基本量的2倍
（作法請參閱p.9）

B｜奶油起司……100g
　｜煙燻鮭魚……50g
　｜牛奶……少許

▢ 裝飾用食材
酪梨……適量
新鮮羅勒……2片

作法

Step 1
〔製作內餡〕

1. 製作燻鮭塔塔醬：把A的洋蔥末泡水，去除嗆辣味，用廚房紙巾擦乾水分。調理碗內倒入材料A拌勻、調味。
2. 酪梨切成厚約7mm的片狀，淋上檸檬汁防止變色。

Step 2
〔排列吐司〕

吐司去邊，切成整齊的四方形，取4片排在盤內擺成四方形（請參閱p.6）。

Step 3
〔夾餡〕

請參閱p.7「三明治蛋糕的作法」Step 3的1～5，做成2層。

▢ 先把吐司均勻地塗抹燻鮭塔塔醬，再擺滿酪梨片。

Step 4
〔裝飾〕

1. 整體均勻地塗抹起司奶油，先放進冰箱冷藏，讓奶油定型。
2. 把材料B倒入調理機打成粉紅色的起司奶油，塗抹於側面。
3. 裝飾用的酪梨用水果挖球器挖成小球，淋上檸檬汁。
4. 將3與新鮮羅勒做裝飾即完成。

Point

美乃滋是用日本製與美國製的各半混合而成，能降低酸味，使味道變得溫醇。如果手邊只有1種也沒關係。假如沒有水果挖球器，可用湯匙挖取酪梨肉，再以保鮮膜包成圓球狀也可以！

Arrange

Xmas Decoration
聖誕三明治蛋糕

左頁的燻鮭塔塔醬＆酪梨三明治蛋糕很適合當作聖誕節的宴客菜。裝飾的部分，用義大利香芹做出聖誕樹，黃甜椒是樹上的星星，最後點綴上金色糖珠。請試著在聖誕節做做看。

材料〔約寬18×長20×高7cm 1個〕

「燻鮭塔塔醬＆酪梨三明治蛋糕」

　（請參閱左頁）

▢ 裝飾用奶油
起司奶油⋯⋯基本量的2倍

　（作法請參閱p.9）

▢ 裝飾用食材
義大利香芹、黃甜椒、金色糖珠⋯⋯各適量

作法
Step 1
〔製作內餡〕

1. 請參閱左頁「燻鮭塔塔醬＆酪梨三明治蛋糕」Step 4的1。
2. 剩下的起司奶油填入裝有細圓形花嘴的擠花袋，在上方圍著四邊與聖誕樹外圍擠出奶油圍邊。
3. 用壓成星形的黃甜椒、義大利香芹、金色糖珠裝飾成聖誕樹的模樣。
4. 最後依個人喜好加上其他裝飾即完成。

Point
選用較硬挺的義大利香芹葉做裝飾，請撕小塊一點，以利將香芹填滿奶油內側。

Shrimp & Tuna & Egg Cakewich

鮪魚美乃滋&蝦仁水煮蛋三明治蛋糕

這款三明治蛋糕最接近正統的瑞典三明治蛋糕「Smörgåstårta」。以小蝦與水煮蛋的粉嫩配色組成華麗的裝飾。拌在奶油裡的蒔蘿，色香味十足。切開後也很美麗，適合當成宴客菜。

材料〔約寬9×長20×高8cm 1條〕

白吐司……10片
乳霜狀奶油……適量
　（作法請參閱p.6）

▢ 內餡
冷凍小蝦……250g
水煮蛋……2顆
小黃瓜……1～2條

A｜鮪魚（罐頭，瀝除油分）……3罐（210g）
　｜洋蔥（切末）……60g（約1/4個）
　｜美乃滋……60～80g
　｜鹽、黑胡椒……少許
B｜美乃滋……50g
　｜蒔蘿（葉子的部分切碎）……2g

▢ 裝飾用奶油
起司奶油……基本量的1.5倍
　（作法請參閱p.9）
蒔蘿（葉子的部分切碎）……10g

▢ 裝飾用食材
水煮鵪鶉蛋、細香蔥……各適量
　（若手邊沒有，可用香蔥等替代）

作法

Step 1
〔製作內餡〕

1. 製作鮪魚美乃滋：把材料A的洋蔥末泡水，去除嗆辣味，用廚房紙巾擦乾水分。調理碗內倒入A的所有材料拌勻。
2. 小黃瓜去皮，切成約5cm的長度，再縱切成厚片。撒上些許鹽（材料分量外）稍微搓揉，用廚房紙巾等仔細擦乾水分。
3. 小蝦用鹽水煮熟後，瀝乾水分（取24隻做裝飾用），以美式美乃滋、鹽、胡椒（皆為材料分量外）調味。
4. 水煮蛋切成5～6mm寬的片狀。
5. 拌勻材料B，做成蒔蘿美乃滋。

Step 2
〔排列吐司〕

將2片吐司放在盤內排成長方形。

Step 3
〔夾餡〕

請參閱p.7「三明治蛋糕的作法」Step 3的1～5，做成4層。

▢ 第1層先均勻塗抹1/2量的鮪魚美乃滋，接著擺滿小黃瓜片。第2層放小蝦，第3層和第1層一樣，第4層放水煮蛋。

▢ 最後重疊的吐司，內側是塗蒔蘿美乃滋，而非乳霜狀奶油。

Step 4
〔裝飾〕

1. 將起司奶油混拌蒔蘿，整體均勻塗抹。取一部分的奶油填入裝有星形花嘴的擠花袋，在上面的四邊擠出圍邊。
2. 擺上裝飾用的小蝦、鵪鶉蛋（切成寬約3mm的片狀）、細香蔥即完成。

Point

美乃滋是用日本製與美國製的各半混合而成，能降低酸味，使味道變得溫醇。如果手邊只有1種也沒關係。量請依個人喜好斟酌。

Hummus Cakewich

鷹嘴豆泥三明治蛋糕

結合中東料理常見的前菜鷹嘴豆泥與塔布勒沙拉（Tabbouleh，香芹沙拉）的迷你三明治蛋糕。令人彷彿置身中東的一道料理。不討厭香芹的人會覺得吃起來相當順口。想換換口味時，不妨試做看看。

材料〔直徑8×高6cm的圓形3個〕

白吐司⋯⋯9片

□ 內餡

A│鷹嘴豆（罐頭）⋯⋯1罐（淨重240g）
　│大蒜（切末）⋯⋯1瓣
　│白芝麻醬⋯⋯1大匙
　│檸檬汁⋯⋯1～2大匙
　│特級初榨橄欖油⋯⋯50ml
　│水⋯⋯20～30ml
　│小茴香粉⋯⋯2小匙
　│鹽⋯⋯適量
　│胡椒⋯⋯少許

B│庫斯庫斯（Couscous）⋯⋯70g
　│小黃瓜（去皮切末）⋯⋯1／2條
　│番茄（去籽切末）⋯⋯1／2個
　│香芹（切末）⋯⋯1大匙
　│義大利香芹（切末）⋯⋯1大匙
　│紫洋蔥（切末）⋯⋯1／4個
　│特級初榨橄欖油⋯⋯1大匙
　│檸檬汁⋯⋯1～2大匙
　│鹽⋯⋯適量
　│黑胡椒⋯⋯少許

□ 裝飾用食材

小番茄（切成4等分）、薄荷、義大利香芹（切末）、紅椒粉、特級初榨橄欖油⋯⋯各適量

作法

Step 1

〔製作內餡〕

1. 製作鷹嘴豆泥：材料A的鷹嘴豆瀝乾水分，仔細剝除薄皮。把材料A全部倒入食物調理機打成糊狀，酌量以鹽、胡椒調味。

□ 打成泥的時候，少量地加水，視豆泥的狀態調整水量。

2. 製作塔布勒沙拉：材料B的庫斯庫斯倒入小一點的調理碗，加少許的鹽及黑胡椒（皆材料分量外）、1／2大匙的特級初榨橄欖油（材料分量外）調味，接著加60ml的熱水（材料分量外），包上保鮮膜，靜置約10分鐘。另取一調理碗，倒入B的所有材料混拌，酌量以鹽、黑胡椒調味。

Step 2

〔排列吐司〕

吐司稍微烤過後，用直徑8cm的慕斯圈壓成圓形。

Step 3

〔夾餡〕

1. 在3片吐司上均勻地塗抹鷹嘴豆泥，擺放塔布勒沙拉。
2. 接著放上1片吐司，以相同作法完成第2層。
3. 第3層用鷹嘴豆泥與塔布勒沙拉做裝飾。

Step 4

〔裝飾〕

1. 放小番茄與薄荷葉做裝飾。
2. 移入盤內，撒上義大利香芹末、紅椒粉，淋上特級初榨橄欖油即完成。

Point

塔布勒沙拉的材料盡可能全切成細末，比較入味，看起來也更美觀。依個人喜好加些切末的薄荷葉，味道會更道地可口。剩下的鷹嘴豆泥可搭配皮塔餅（Pita）或蘇打餅等一起享用。

Beets & Feta Cheese Cakewich
甜菜根&菲達起司三明治蛋糕

Taramosalata Cakewich
鱈魚卵沙拉三明治蛋糕

Beets & Feta Cheese Cakewich

甜菜根＆菲達起司三明治蛋糕

菲達起司是產自希臘的起司，甜菜根在國外是常用於沙拉的蔬菜。市售的甜菜根切片罐頭用起來很方便，購買新鮮的甜菜根直接切片，更能品嚐到清脆口感。搭配全麥吐司很對味，令人一吃著迷，請搭配白酒一起享用。

材料〔直徑16×高8cm的圓形1個〕

全麥吐司……8片
乳霜狀奶油……適量
　（作法請參閱p.6）

▢ 內餡
甜菜根……350g
　（已水煮，切成約1cm的塊狀）
菲達起司（切成約1cm的塊狀）……40g
香芹（切末）……3大匙
烤過的核桃（切末）……2大匙
大蒜（切末）……1瓣
特級初榨橄欖油……2～3大匙
巴薩米克醋……1～2大匙
檸檬汁……少許
黑胡椒……少許

▢ 裝飾用奶油
豆漿奶油……基本量
　（作法請參閱p.9）

▢ 裝飾用食材
菲達起司（切成約1cm的塊狀）……40g
嫩葉生菜……適量

作法

Step 1
〔製作內餡〕

將內餡的材料倒入調理碗內混拌、調味，為保留起司塊的口感，輕拌即可。

Step 2
〔排列吐司〕

請參閱p.7「三明治蛋糕的作法」Step 2的吐司剪法，把吐司用直徑16cm的紙型修剪，擺在盤內排成圓形。

Step 3
〔夾餡〕

請參閱p.7「三明治蛋糕的作法」Step 3的1～5，做成1層。
▢內餡取約1／2的量使用，剩下的用來做裝飾。

Step 4
〔裝飾〕

1. 整體均勻地塗抹豆漿奶油。
2. 擺上留作裝飾的內餡、裝飾用的菲達起司，側面貼上嫩葉生菜即完成。

Point

菲達起司的鹽分較高，所以內餡不加鹽，但各位試過味道後，覺得不夠鹹的話，請酌量添加。裝飾用的菲達起司會因為甜菜根而變色，裝飾前先分開放，最後再一起放，看起來比較漂亮。本書是用好市多販售的水煮「迷你甜菜根」（圖a），使用起來方便省事。

a

Taramosalata Cakewich

鱈魚卵沙拉三明治蛋糕

半球形的外觀看不出是三明治，切開一看，色彩繽紛令人驚喜。這是以希臘、法國常見的前菜鱈魚卵沙拉為構想的三明治蛋糕。將鱈魚卵、薯泥、玉米、毛豆等做成方便食用的料理，很適合當作派對的前菜。

材料〔直徑15×高9cm的半球形1個〕

白吐司……5～6片

乳霜狀奶油……適量
　（作法請參閱p.6）

□ 內餡

毛豆……20g（淨重）

玉米（罐頭）……10g

□ 裝飾用奶油

薯泥奶油……350g
　（作法請參閱p.9）

鱈魚卵……50g

美乃滋……2大匙

□ 裝飾用食材

薄荷……適量

作法

Step 1
〔製作內餡〕

毛豆用鹽水煮過後，剝除薄皮。玉米瀝乾水分。

〔製作裝飾用奶油〕

鱈魚卵剝除薄膜後，連同薯泥奶油、美乃滋一起倒入調理碗內拌勻。

Step 2
〔排列吐司〕

在直徑12cm的調理碗內鋪放保鮮膜，接著鋪排切成三角形的吐司，吐司的側面用乳霜狀奶油接合。沿著碗緣切除多餘的吐司（圖a）。

□ 鋪排吐司時，若出現縫隙可用切除的吐司填補。

Step 3
〔夾餡〕

1. 依序疊放30g的裝飾用奶油、玉米、吐司、50g的裝飾用奶油、毛豆，最後用吐司填塞蓋住。
2. 放進冰箱冷藏約1小時，待奶油定型後，將調理碗倒扣在盤子上。

Step 4
〔裝飾〕

1. 用剩下的裝飾用奶油整體均勻塗抹。
2. 取一部分的裝飾用奶油填入裝有圓形花嘴的擠花袋，在周圍擠出小圓球做裝飾。
3. 最後擺上薄荷葉即完成。

Point

使用顏色鮮豔的鱈魚卵可做出漂亮的粉紅色裝飾用奶油。不清楚吐司該怎麼鋪，可參考義大利甜點「圓頂蛋糕（Zuccotto）」的作法。內餡可依個人喜好調整。

a

Keema Curry Cakewich

咖哩絞肉三明治蛋糕

在咖哩的發源地印度，因宗教因素很少使用牛、豬肉，通常是用蔬菜、雞肉來做絞肉咖哩。本書為配合一般人的口味，以牛豬混合絞肉做成乾咖哩風味的內餡。適合在炎炎夏日享用的午餐。

材料〔約寬9×長10×高8cm 2個〕

白吐司⋯⋯8片
乳霜狀奶油⋯⋯適量
　（作法請參閱p.6）

▢ 內餡
番茄⋯⋯1／2個
牛豬混合絞肉⋯⋯200g

A	洋蔥（切末）⋯⋯1／2個
	胡蘿蔔（切末）⋯⋯1／2根
	大蒜（切末）⋯⋯1瓣
	薑（切末）⋯⋯5g
	咖哩粉⋯⋯1大匙
B	小茴香粉⋯⋯1／2小匙
	薑黃粉⋯⋯1／2小匙

咖哩塊（中辣）⋯⋯1塊（20g）
月桂葉⋯⋯1片
水⋯⋯200ml
鹽、黑胡椒⋯⋯適量
薯泥奶油⋯⋯適量
　（作法請參閱p.9）

▢ 裝飾用奶油
薯泥奶油⋯⋯適量
　（作法請參閱p.9）

▢ 裝飾用食材
黃色小番茄（對半縱切）、玉米（罐頭）、菜豆、義大利香芹⋯⋯各適量

作法

Step 1
〔製作內餡〕

1. 製作咖哩絞肉：鍋內倒沙拉油（材料分量外）加熱後，將材料A下鍋拌炒，炒至洋蔥末變得軟透，加混合絞肉一起炒，以B、適量的鹽和黑胡椒調味。接著加咖哩塊、水、月桂葉燉煮，煮至湯汁收乾，以鹽、黑胡椒調味。取出月桂葉，倒入托盤等容器攤平放涼。
2. 番茄切成寬約1cm的圓片狀，去籽並擦乾水分。

Step 2
〔排列吐司〕
將1片吐司放在盤內。

Step 3
〔夾餡〕
請參閱p.7「三明治蛋糕的作法」Step 3的1～5，做成3層。

▢ 第1層塗上一層薄薄的薯泥奶油，再放約1cm厚的咖哩絞肉。第2層先塗薯泥奶油，再放1／2量的番茄片，第3層和第1層的作法一樣。

Step 4
〔裝飾〕

1. 整體均勻地塗抹薯泥奶油。
2. 裝飾用的菜豆用鹽水略煮並泡水，瀝乾水分後，切成和玉米差不多的大小。
3. 最後擺上剩下的咖哩絞肉、黃色小番茄、義大利香芹做裝飾，周圍放玉米與菜豆即完成。

Point
使用市售咖哩塊與香料輕鬆調配出道地的咖哩香，依個人喜好斟酌的香料用量。雖然本書是用方便取得的市售咖哩塊，還是建議用香料製作，口味會比較正宗。可用印度烤餅或皮塔餅代替吐司。完成後不需冷藏，請盡快享用。

Spicy Asian Chicken Cakewich

亞洲風味香辣雞三明治蛋糕

將泰國、越南料理中很受歡迎的生春卷做成三明治蛋糕。喜愛亞洲料理的人應該抗拒不了甜辣醬＆香菜的組合。使用米紙的獨特裝飾巧思，令賓客大感驚奇。

材料〔約直徑16×高6cm的圓形1個〕

白吐司……12片
乳霜狀奶油……適量
　（作法請參閱p.6）
甜辣醬 -- 適量
　（依個人喜好斟酌）

◻ 內餡
萵苣……適量
香菜……1～2把
雞腿肉……2大片（550～600g）

A │ 原味高湯粉……3包（約13g）
　│ 月桂葉……1片
　│ 鹽……1／2小匙
　│ 熱水……1公升
B │ 甜辣醬……4大匙
　│ 美乃滋……2大匙
　│ 魚露……少許
　│ 黑胡椒……少許

◻ 裝飾用奶油
酸奶油……300g
　（作法請參閱p.9）

◻ 裝飾用食材
胡蘿蔔、黃櫛瓜、萊姆、香菜……各適量
米紙……1張

作法

Step 1
〔製作內餡〕
1. 製作香辣雞，將1片雞腿肉切成2～3等分。
2. 鍋內倒入材料A加熱，煮成略濃的湯汁。
3. 雞腿肉下鍋，為避免湯汁煮滾，以小火加熱。煮至雞肉熟透，起鍋稍微放涼，撕碎備用。
4. 把材料B與3倒入調理碗混拌，試吃味道後，若覺得不夠鹹，酌量加鹽、黑胡椒（皆材料分量外）調味。
5. 萵苣大略撕碎，香菜切成2～3cm的長度。

Step 2
〔排列吐司〕
請參閱p.7「三明治蛋糕的作法」Step 2的吐司剪法，把吐司用直徑16cm的紙型修剪，擺在盤內排成圓形。

Step 3
〔夾餡〕
請參閱p.7「三明治蛋糕的作法」Step 3的1～5，做成2層。

◻ 依序擺放適量的萵苣、香辣雞，撒上香菜。

Step 4
〔裝飾〕
1. 將裝飾用的胡蘿蔔、黃櫛瓜、萊姆切成薄圓片。
2. 整體均勻地塗抹酸奶油，放胡蘿蔔片、黃櫛瓜片、萊姆片與香菜做裝飾。
3. 米紙用水略為泡軟後，仔細吸乾水分，鋪在2的上方。

Point
把雞腿肉換成雞胸肉也很好吃。雞肉用略濃的湯汁煮到入味是重點。剩下的湯汁請留下來，用於其他料理的烹調。喜歡香菜的人請多放一些！吃的時候，依個人喜好淋上甜辣醬享用。

Hawaiian Cakewich

夏威夷風味三明治蛋糕

在日本頗受歡迎的午餐肉（Spam），搭配甜椒軟嫩蛋包與粉紅醬（Aurore sauce，番茄糊加白醬）所組成的三明治蛋糕。可愛的配色，適合當作午餐派對的前菜。和果昔或碳酸飲料很對味，是充滿夏威夷風情的午間輕食。

材料〔寬4.5×長5×高5cm 3個〕

白吐司……3片

◻ 內餡

午餐肉……約200g

A ｜ 紅甜椒（切成5mm的丁狀）……約1／4個
　 ｜ 黃甜椒（切成5mm的丁狀）……約1／4個
　 ｜ 青椒（切成5mm的丁狀）……1個

鹽、胡椒……少許
中式調味醬……少許

B ｜ 蛋……3顆
　 ｜ 牛奶……3大匙
　 ｜ 鹽……適量
　 ｜ 胡教……少許

C ｜ 蛋……2顆
　 ｜ 水……2小匙

D ｜ 美乃滋……3大匙
　 ｜ 番茄醬……1小匙
　 ｜ 煉乳……1小匙

◻ 裝飾用食材

紅甜椒（切成5mm的丁狀）、黃甜椒（切成5mm的丁狀）、青椒（切成5mm的丁狀）、義大利香芹……各適量

作法

Step 1

〔製作內餡〕

1. 製作蛋包：將A用少許的橄欖油（材料分量外）拌炒，以鹽、胡椒、中式調味醬調味後，和材料B一起倒入調理碗內拌勻。平底鍋倒沙拉油（材料分量外）加熱，接著開始煎蛋包。

2. 另取一調理碗倒入C，以打散蛋白的方式攪拌蛋液。平底鍋內倒薄薄一層的沙拉油（材料分量外），蛋液下鍋煎成3～4片蛋皮。

3. 午餐肉切成約1cm的厚片，用平底鍋乾煎至雙面焦香。D拌勻，做成粉紅醬。

Step 2

〔排列吐司〕

將1片吐司切成2等分，先取3片擺在砧板上。

Step 3

〔夾餡〕

1. 吐司是塗粉紅醬，而非乳霜狀奶油。依吐司寬度，依序擺上切好的蛋包（適量）、午餐肉。

◻ 超出吐司的內餡請切除。

2. 在剩下的吐司內側塗抹粉紅醬，對齊放了內餡的吐司夾住。

3. 依吐司寬度切斷蛋皮，包裹吐司。

Step 4

〔裝飾〕

盛盤後，擺上裝飾用甜椒丁、青椒丁與義大利香芹即完成。

Point

雖然變冷了也好吃，剛做好的時候吃最美味！請依個人喜好斟酌粉紅醬的量。煎蛋包的重點是，蔬菜要先調味。用煎蛋鍋（玉子燒鍋）煎的話，蛋包形狀會很漂亮。

Crispy Bacon & Blueberry Cakewich

酥脆培根＆藍莓三明治蛋糕

香酥脆的培根與藍莓、楓糖漿在歐美國家是超受歡迎的早餐組合，本書將其做成三明治蛋糕。用平底鍋煎至金黃的吐司，看起來好似小鬆餅。假日的時候，花點時間為自己做頓美味的早餐，搭配咖啡一起享用！

材料〔直徑8×高5cm的圓形3個〕

白吐司……9片

□ 內餡
薄培根片……180g
藍莓……70〜80粒

□ 裝飾用奶油
奶油起司……約100g
楓糖漿……1大匙

□ 裝飾用食材
薄荷……適量
楓糖漿……適量
　（依個人喜好斟酌）

作法
Step 1
〔製作內餡〕
製作酥脆培根：將培根片攤平放入平底鍋乾煎，煎至雙面乾酥。用廚房紙巾等物吸除多餘油分，切成適當的長度。

Step 2
〔排列吐司〕
1. 把吐司用直徑8cm的慕斯圈壓成圓形。
2. 雙面塗抹薄薄一層的奶油（材料分量外），放入已加熱的平底鍋煎至雙面焦黃。

Step 3
〔夾餡〕
1. 取1片吐司均勻地塗抹10g的裝飾用奶油，接著撒上20g的培根、7〜8粒的藍莓。
2. 再疊上1片吐司，以相同作法製作第2層。剩下的2個也是相同作法。

Step 4
〔裝飾〕
第3層撒培根和藍莓時，盡量撒漂亮一點，然後擺上薄荷做裝飾。依個人喜好淋楓糖漿享用。

Point
煎吐司時不要一直翻面，煎出來的顏色才會好看。製作第2層、第3層時，重疊的那面也要塗少許的裝飾用奶油，讓藍莓不易滑動。完成後請趁熱品嚐！

Clam Chowder Cakewich

巧達濃湯三明治蛋糕

美國的常見湯品巧達濃湯在日本也很受歡迎，把內餡做成像奶油可樂餅餡料的黏稠質地。裝飾用的乾炒麵包粉，為口感加分不少，是一款滋味溫和順口的三明治蛋糕。

材料〔約寬18×長20×高6cm 1個〕

全麥吐司（8片或10片裝）……12片
乳霜狀奶油……適量
　（作法請參閱p.6）

□ 內餡
海瓜子（帶殼）……600～700g
白酒……100ml
洋蔥（切末）……1個
麵粉……3大匙
奶油……20g

A｜牛奶……100ml
　｜鮮奶油……2大匙
　｜月桂葉……1片
　｜香芹（切末）……1大匙

原味高湯粉……適量
鹽、胡椒……適量

□ 裝飾用奶油
薯泥奶油……約400～500g
　（作法請參閱p.9）

□ 裝飾用食材
麵包粉、義大利香芹……各適量

作法

Step 1
〔製作內餡〕
1. 海瓜子先泡鹽水吐沙。鍋內倒白酒與水加熱，海瓜子下鍋、蓋上鍋蓋，燜蒸至全部的殼都打開。取出海瓜子肉，留下200ml湯汁備用。
2. 鍋內放奶油加熱，洋蔥末下鍋拌炒，以鹽、胡椒調味。接著篩入麵粉炒勻後，再加入1的湯汁與海瓜子肉、材料A略煮一會兒，直到變稠。以原味高湯粉、鹽、胡椒調味，取出月桂葉，倒入托盤等容器攤平放涼。

Step 2
〔排列吐司〕
吐司去邊，切成整齊的四方形，取4片排在盤內擺成四方形（請參閱p.6）。

Step 3
〔夾餡〕
請參閱p.7「三明治蛋糕的作法」Step 3的1～5，做成2層。

Step 4
〔裝飾〕
1. 麵包粉用平底鍋乾炒至傳出香味且上色。
2. 整體均勻地塗抹薯泥奶油後，取一部分的奶油填入裝有細圓形花嘴的擠花袋，在上面的對角線擠2條線，在四邊擠出圍邊。
3. 把1的麵包粉沾黏於側面，用義大利香芹整齊地填滿2條線的內側即完成。

Point
海瓜子燜蒸後留下湯汁，取200ml使用。假如不夠，請加一部分A的牛奶，使其變成200ml。裝飾用奶油如果開始變乾，麵包粉會沾不上去，請盡快沾黏。

Barbecue Pork Cakewich

醬燒豬肉三明治蛋糕

烤肉醬醃漬入味的豬肉、紫洋蔥與高麗菜的爽口涼拌菜,用厚片全麥吐司做成三明治後,以豆漿奶油簡單裝飾。分量十足,配酒也對味,很受男性喜愛的一款三明治蛋糕。

材料〔直徑約16cm的圓形1個〕

全麥吐司(6片裝)……8片
乳霜狀奶油……適量
　(作法請參閱p.6)

□ 內餡
高麗菜(切末)……1/4個(淨重250g)
紫洋蔥(切末)……1/2個

A　美式美乃滋……60g
　　蘋果酒醋……1大匙
　　檸檬汁……少許
　　三溫糖……1/2小匙
　　黑胡椒……少許

豬里肌肉(略厚的肉片)……300g

B　番茄醬……1大匙
　　炸豬排醬……1大匙
　　蘋果酒醋……1大匙
　　黃芥末醬……1小匙

□ 裝飾用奶油
豆漿奶油……基本量
　(作法請參閱p.9)

□ 裝飾用食材
櫻桃蘿蔔(切薄片)、義大利香芹……各適量

作法

Step 1

〔製作內餡〕

1. 製作涼拌菜:高麗菜與紫洋蔥撒少許鹽(材料分量外)仔細搓揉,靜置一會兒。擠乾水分後,放入調理碗,加材料A混拌、調味。

2. 製作醬燒豬肉:豬里肌肉切成約1.5cm的長度。取一調理碗倒入材料B拌勻,再加豬肉片輕輕揉拌,醃漬約5~10分鐘。把豬肉片連同醃醬一起放進平底鍋煎烤。

□ 煎烤過程中,肉汁釋出使味道變淡的話,稍微收乾湯汁,酌量添加番茄醬、豬排醬、三溫糖等(皆為材料分量外)調味。

Step 2

〔排列吐司〕

請參閱p.7「三明治蛋糕的作法」Step 2的吐司剪法,把吐司用直徑16cm的紙型修剪,擺在盤內排成圓形。

Step 3

〔夾餡〕

請參閱p.7「三明治蛋糕的作法」Step 3的1~5,做成1層。

□ 夾餡的順序:2的醬燒豬肉→1的涼拌菜(約150g)。

Step 4

〔裝飾〕

整體均勻地塗抹豆漿奶油,擺上櫻桃蘿蔔片與義大利香芹做裝飾即完成。

Point

涼拌菜是方便製作的量,分量略多,不必全部都用完。豬肉是使用梅花肉片。建議使用「MAILLE」(圖a)的蘋果醋與「HEINZ」(圖b)的黃芥末醬。

a

b

Super B. L. T. Cakewich
超級總匯三明治蛋糕

Creamed Spinach & Mushrooms Cakewich
奶油菠菜&蘑菇三明治蛋糕

Super B. L. T. Cakewich

超級總匯三明治蛋糕

總匯三明治是很基本款的口味，冠上「超級」二字的理由是……無敵大的分量！
由厚切吐司與蘋果木煙燻培根、蘿蔓萵苣、全熟番茄組合而成，分量驚人。假日想飽餐
一頓的話，這是很棒的早午餐。

材料〔約寬18×長20×高10cm 1個〕

全麥吐司（6片裝）……8片
乳霜狀奶油……適量
　（作法請參閱p.6）

◎ 內餡
蘋果木煙燻培根塊……250～300g
番茄……1個
蘿蔓生菜……淨重100g

A｜美式美乃滋……2大匙
　｜蒜泥……1／2瓣的量
　｜鯷魚糊……1／2小匙
　｜帕瑪森起司……2小匙
　｜黑胡椒……少許

◎ 裝飾用奶油
起司奶油……基本量的2倍
　（作法請參閱p.9）

◎ 裝飾用食材
生菜葉（蘿蔓萵苣、芝麻菜、芥菜等）、小番茄
（對半切開）、市售麵包丁……各適量

作法

Step 1
〔製作內餡〕
1. 培根切成厚約1～1.5cm，放入已加熱（不放油）的平底鍋，煎至雙面焦黃。
2. 番茄也切成和培根差不多厚的圓片狀，去籽並擦乾水分。
3. 製作凱撒沙拉：調理碗內倒入材料A混拌，再加切成2～3cm寬的蘿蔓生菜拌勻。

Step 2
〔排列吐司〕
吐司去邊，切成整齊的四方形，取4片排在盤內擺成四方形（請參閱p.6）。

Step 3
〔夾餡〕
請參閱p.7「三明治蛋糕的作法」Step 3的1～5，做成1層。
□ 依序疊放凱撒沙拉、培根、番茄片，放的時候不要有空隙。

Step 4
〔裝飾〕
整體均勻地塗抹起司奶油，擺上生菜葉、小番茄與麵包丁做裝飾即完成。

Point
蘋果木煙燻培根可至好市多購得，如果買不到，使用一般培根也可以。萵苣水洗後會變濕，請用食用酒精消毒就好。這款三明治蛋糕的水分較多，完成後盡快食用完畢。

Creamed Spinach & Mushrooms Cakewich

奶油菠菜＆蘑菇三明治蛋糕

奶油菠菜（菠菜裹白醬）在歐美是熱門的肉類料理配菜。以此搭配奶油嫩煎蘑菇，並以
大量葉菜裝飾，就是一道蔬菜滿滿的三明治蛋糕。

材料〔約寬15×長18×高8cm 1個〕

白吐司……9 片
乳霜狀奶油……適量
　（作法請參閱p.6）

□ 內餡
菠菜（切成3～4cm的長度）……250g
大蒜（切末）……1 瓣
洋蔥（切末）……120～140g（約1／2個）
奶油……40g
麵粉……3 大匙

A｜牛奶……250ml
　｜鮮奶油……1 大匙
　｜月桂葉……1 片
B｜鹽、胡椒……適量
　｜丁香粉……少許
　｜原味高湯粉……少許

蘑菇（切成寬5mm的片狀）……200g
鹽、胡椒……適量

□ 裝飾用奶油
薯泥奶油……基本量
　（作法請參閱p.9）

□ 裝飾用食材
櫛瓜、嫩葉生菜、蘑菇（切片）、櫻桃蘿蔔
（切片）、白色食用花、洋蔥酥……各適量

作法

Step 1
〔製作內餡〕
1. 製作奶油菠菜：鍋內放20g的奶油加熱，蒜末與洋
　 蔥末下鍋拌炒。再加菠菜一起炒，撒適量的鹽及胡
　 椒（皆材料分量外）。接著篩入麵粉仔細拌炒，加材
　 料A煮至變稠後，以材料B調味。取出月桂葉，倒
　 入托盤等容器攤平放涼。
2. 取一平底鍋，放20g的奶油加熱，倒入蘑菇快速翻
　 炒，以鹽、胡椒調味。

Step 2
〔排列吐司〕
1. 取3片吐司對半切開。
2. 將2片吐司與2片切半的吐司放在盤內，擺成約寬
　 15×長18cm的四方形。

Step 3
〔夾餡〕
請參閱p.7「三明治蛋糕的作法」Step 3的1～5，做成2
層。
□ 依序疊放奶油菠菜、蘑菇。

Step 4
〔裝飾〕
1. 整體均勻地塗抹薯泥奶油。
2. 把裝飾用的櫛瓜切得比三明治蛋糕的高度略長，削
　 成薄片後，隨意地縱貼於側面。最後擺上嫩葉生菜
　 等裝飾用食材即完成。

Point
這是比大的四方形小一號的三明治蛋糕，撒在上面的洋蔥
酥，等到要吃之前再撒。吐司可依個人喜好先略烤過，會讓
口感更豐富！

Mexican Cakewich

墨西哥風味三明治蛋糕

香辣絞肉、酪梨醬（Guacamole）與墨西哥醬（Salsa Mexicana）組成的三明治蛋糕。加上酸奶油，吃起來更順口。適合當作烤肉的前菜。想像自己置身於墨西哥，邊吃邊配可樂娜（Corona）啤酒。

材料〔直徑8cm的圓形4個〕

墨西哥薄餅……4片

A│ 番茄（去籽切末）……1個
　│ 青椒（切末）……1個
　│ 洋蔥（切末）……1／4個
　│ 大蒜（切末）……1瓣
　│ 青辣椒（去籽切末）……2～3根
　│ 香菜（切末）……1／2～1把
　│ 檸檬汁……1／4個的量
　│ 特級初榨橄欖油……3大匙
　│ 穀物醋……1小匙
　│ 三溫糖……2～3小匙
　│ 鹽、黑胡椒……適量

□ 內餡

B│ 牛豬混合絞肉……200g
　│ 洋蔥（切末）……1／2個
　│ 大蒜（切末）……1瓣
　│ 番茄醬……4大匙
　│ 高湯塊……1個
　│ 月桂葉……1片
　│ 辣椒粉……1／2～1小匙
　│ 鹽……適量
　│ 黑胡椒……少許

C│ 酪梨（大）……3個（淨重280g）
　│ 蒜泥……1／2～1瓣的量
　│ 檸檬汁……2大匙
　│ 特級初榨橄欖油……1大匙
　│ 辣椒粉……少許
　│ 鹽……適量

酸奶油……160g

□ 裝飾用食材

起司絲、香菜……各適量

作法

Step 1

〔製作內餡〕

1. 製作香辣肉醬：平底鍋內倒入洋蔥末、蒜末與絞肉（不放油），炒至乾鬆。先用網篩撈起，瀝乾油分，再倒回鍋內，以剩下的材料B調味。
2. 製作酪梨醬：酪梨去皮與籽，用叉子稍微壓爛。材料C倒入調理碗拌勻，若覺得有需要，可加鹽、胡椒（材料分量外）調味。

Step 2

〔排列吐司〕

把墨西哥烤餅用直徑8cm的慕斯圈壓成圓形。

□1片墨西哥烤餅約可壓出3個圓形。

Step 3

〔夾餡〕

在慕斯圈內依序放入墨西哥烤餅、1／4量的香辣肉醬、墨西哥烤餅、70g的酪梨醬、墨西哥烤餅、40g的酸奶油，放醬料的時候要抹平。

Step 4

〔裝飾〕

1. 拿掉慕斯圈，擺上起司絲與香菜做裝飾。
2. 將材料A倒入調理碗內拌勻，做成墨西哥醬，依個人喜好斟酌澆淋。

Point

香菜的西班牙語是「Cilantro（芫荽）」，經常用於墨西哥料理。本書的墨西哥醬是用方便取得的食材製作。前一天先做好，味道會更入味可口。也可用墨西哥辣椒（Jalapeño）取代青辣椒。

Cupcake Style Cakewich

杯子蛋糕風格三明治蛋糕

將6種色彩繽紛的內餡裝進杯子蛋糕的烤模，裝飾出可愛風格的三明治蛋糕。相當適合派對或家族聚會。先備妥內餡與吐司，讓客人或小朋友一起動手做也很不錯。

材料〔6格瑪芬蛋糕模1個〕

全麥吐司（8片或10片裝）……6片

乳霜狀奶油……適量

（作法請參閱p.6）

＜鮭魚＞

□ 內餡

起司奶油、生鮭魚……各適量

（作法請參閱p.9）

□ 裝飾用食材

義大利香芹……適量

＜鮪魚美乃滋＞

□ 內餡

鮪魚美乃滋……適量

（作法請參閱p.41）

□ 裝飾用食材

鵪鶉蛋、義大利香芹……各適量

＜蛋沙拉＞

□ 內餡

水煮蛋內餡……適量

（作法請參閱p.29）

□ 裝飾用食材

小番茄、萵苣……各適量

＜醃甜椒＞

□ 內餡

起司奶油……適量

A｜紅甜椒、黃甜椒……各1／2個

　　白酒醋……1大匙

　　三溫糖……1小匙

　　特級初榨橄欖油……1小匙

□ 裝飾用食材

義大利香芹……適量

＜蝦仁玉米＞

□ 內餡

豆漿奶油（作法請參閱p.9）……適量

小蝦內餡（作法請參閱p.41）……適量

玉米（罐頭）……適量

＜鮭魚＞

□ 內餡

起司奶油、生火腿（切成適口大小）、芒果（切成約7mm的丁狀）……各適量

□ 裝飾用食材

新鮮羅勒……適量

作法

Step 1

〔製作內餡〕

用材料A製作醃甜椒：甜椒各自用保鮮膜包好，微波加熱變軟後，再泡冰水、去皮並切成1cm寬。拌勻A的其他材料，用來醃漬甜椒。

Step 2

〔排列吐司〕

將塗了乳霜狀奶油的吐司鋪進烤模，用手略為按壓使其定型。

Step 3

〔夾餡〕

擺入各自的內餡。

Step 4

〔裝飾〕

放上各自的裝飾用食材。

Point

內餡可依個人喜好更換。其他款的三明治蛋糕內餡如果有剩，不妨拿來做做看。先在烤模內鋪入烤盤紙或杯子蛋糕紙杯，較容易取出。

Ham & Cheese Cakewich

火腿起司三明治蛋糕

火腿起司三明治的簡單組合，用生火腿與沙拉做出美麗裝飾。以芥末抹醬提味的好滋味，任誰都會喜歡。搭配白酒或不含酒精的軟性飲料都對味。

材料〔直徑約16cm的圓形1個〕

白吐司……12 片

乳霜狀奶油……適量

（作法請參閱p.6）

▢ 內餡

白豬無骨火腿……約300g

高達起司（切成約3～5mm的厚度）……約200g

芥末抹醬……3～4 大匙

▢ 裝飾用奶油

起司奶油……基本量的約1.5 倍

（作法請參閱p.9）

▢ 裝飾用食材

嫩葉生菜……適量

生火腿……適量

作法

Step 1

〔製作內餡〕

請參閱p.6「三明治蛋糕的作法」的Step 1。

Step 2

〔排列吐司〕

請參閱p.7「三明治蛋糕的作法」Step 2的吐司剪法，把吐司用直徑16cm的紙型修剪，擺在盤內排成圓形。

Step 3

〔夾餡〕

請參閱p.7「三明治蛋糕的作法」Step 3的1～5，做成2層。

▢ 先把吐司均勻地塗抹芥末抹醬，再依序疊放白豬無骨火腿、高達起司。

Step 4

〔裝飾〕

1. 請參閱p.7「三明治蛋糕的作法」Step 4的1～3。
2. 最後擺上嫩葉生菜與捲成花狀的生火腿即完成。

Point

因為這款三明治蛋糕很簡單，更要選擇美味的食材。本書用的芥末抹醬是美乃滋加芥末籽醬調成的「Maille第戎芥末醬」（圖a）。買不到的話，可用美式美乃滋加第戎芥末醬（Dijon）混拌調製。

a

Arrange

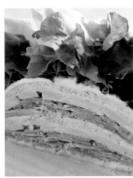

Bouquet
捧花三明治蛋糕

火腿起司三明治蛋糕變成了優雅的捧花！以皺葉萵苣、吉康菜、僧侶頭起司（Tête de Moine，產自瑞士的起司，又稱修道士頭起司）裝飾成鮮綠色的捧花。如此華麗的造型，非常適合人多的派對或當作宴客料理。

材料〔約寬33×長20×高8cm 捧花造型〕

「火腿起司三明治蛋糕」
　（作法請參閱p.68，裝飾用食材除外）

▢ 裝飾用食材
皺葉萵苣、綠葉萵苣、吉康菜、香蔥
……各適量
僧侶頭起司（圖a）……適量

a

作法

火腿起司三明治蛋糕的作法請參閱前頁的Step1～3。
□ 為了讓中央隆起，擺放內餡時，請疊成半球形。

Step 4
〔裝飾〕

1. 整體均勻地塗抹起司奶油，趁奶油還沒變乾前，趕緊黏上葉菜與起司，做出捧花的造型。
　□ 吉康菜等蔬菜如果黏不住，可以用極細的鐵絲固定（但食用時請小心）。

2. 香蔥用麻繩綁好後，切成適當的長度，接在捧花下方，完成最後的裝飾。

Point

產自瑞士的僧侶頭起司，用專門的刨切器能夠刨出花瓣的形狀。有些專賣店有賣已經刨好的產品，如果買不到，以食用花代替，做出來也很可愛。

Part 2

Sweet
Cakewich

◆ ◆ ◆

適合當作餐後甜點或午茶點心的香甜滋味
三明治蛋糕。做法就是吐司夾內餡，
比起一般得從海綿蛋糕做起的糕點，
方便輕鬆許多，可說是「超省事甜點」。

Marmalade & Earl Grey Cakewich

香橙伯爵茶三明治蛋糕

讓人想在午茶時間配紅茶一起享用的三明治蛋糕。伯爵茶風味的卡士達醬與柳橙果醬，
加上切碎的橙皮增添柳橙的清爽香氣與滋味。喜愛柳橙果醬的人肯定難以抗拒。

材料〔直徑約16cm的圓形1個〕

白吐司……12片
乳霜狀奶油……適量
　（作法請參閱p.6）

☐ 內餡
柳橙果醬……80g
橙皮（切碎）……30g

A│伯爵茶茶葉……1大匙
　│蛋黃……3顆
　│細砂糖……45g
　│低筋麵粉……25g
　│牛奶……300ml
　│香草莢（刮取香草籽使用）……1／2根
　│無鹽奶油……15g
　│紅茶香甜酒……1大匙

☐ 裝飾用奶油
糖粉……4大匙
鮮奶油（35%）……80ml

☐ 裝飾用食材
橙皮（取半量，對半切）……4～5片
帶皮生榛果（大略切碎）……適量

B│柳橙果醬……1大匙
　│檸檬汁……1／2小匙
　│水……1／2小匙

作法

Step 1
〔製作內餡〕
1. 用材料A製作伯爵茶卡士達醬：在調理碗內倒入蛋黃和細砂糖，用打蛋器攪打至變白的狀態後，篩入低筋麵粉混拌。
2. 取一小鍋，倒入伯爵茶茶葉、牛奶、香草籽加熱，快煮滾前關火，靜置約5分鐘，讓茶葉的香氣融入液體中。
3. 過濾掉茶葉後，少量地加進1的調理碗，再倒回小鍋加熱。過程中不斷攪煮至沸騰，使其變成乳霜狀。關火，奶油混拌，倒入托盤等容器，放進冰箱冷藏。
4. 使用前再加紅茶香甜酒。

Step 2
〔排列吐司〕
請參閱p.7「三明治蛋糕的作法」Step 2的吐司剪法，把吐司用直徑16cm的紙型修剪，擺在盤內排成圓形。

〔製作裝飾用奶油〕
請參閱p.9「起司糖霜奶油」的作法。
☐ 鮮奶油先打至8分發，再加入。

Step 3
〔夾餡〕
請參閱p.7「三明治蛋糕的作法」Step 3的1～5，做成2層。
☐ 先把吐司塗抹柳橙果醬（1／2量），再放100g的伯爵茶卡士達醬（填入擠花袋擠較平均）、撒上15g的橙皮。

Step 4
〔裝飾〕
1. 材料B拌勻，做成柳橙醬汁。
2. 整體均勻地塗抹裝飾用奶油，最後隨意擺上橙皮與榛果做裝飾。
☐ 榛果用平底鍋稍微乾炒出香氣也OK。
3. 淋上柳橙醬汁即完成。

Point
本書使用的是Tiffin Tea Liqueur的紅茶香甜酒（圖a）。

a

Banoffee Pie Cakewich

香蕉太妃派三明治蛋糕

英倫超人氣香蕉太妃派！香蕉＋太妃糖的組合廣受歡迎。太妃糖在英國是很受歡迎的口味，本書是用黑糖與煉乳簡單製作。很適合搭配微濃咖啡的甜點。

材料〔約寬18×長20×高6cm 1個〕

白吐司…… 12 片
乳霜狀奶油…… 適量
  （作法請參閱p.6）

▢ 內餡
香蕉…… 4～5 條

A｜奶油…… 100g
　｜黑糖粉…… 100g
　｜煉乳…… 360g
　｜鮮奶油（35%）…… 50ml

▢ 裝飾用奶油
鮮奶油（35%）…… 300ml
細砂糖…… 2 大匙

▢ 裝飾用食材
香蕉（切成約5mm厚的圓片狀）…… 1 條
消化餅（壓碎）…… 6～7 片
太妃糖醬（取一部分的A使用）…… 適量

作法

Step 1
〔製作內餡〕

1. 用材料 A 製作太妃糖醬：取一小鍋倒入奶油和黑糖，以小火加熱，邊加熱邊攪拌使黑糖完全溶解。接著加煉乳，轉至中火～大火，邊加熱邊攪煮一會兒，最後加鮮奶油攪拌，關火，倒入托盤等容器冷卻備用。
2. 香蕉斜切成寬約5mm的片狀，為防止香蕉變黑，淋上少許檸檬汁（材料分量外）。

Step 2
〔排列吐司〕

將4片吐司放在盤內排成四方形（請參閱p.6）。

Step 3
〔夾餡〕

請參閱p.7「三明治蛋糕的作法」Step 3的1～5，做成2層。

▢ 先把吐司塗抹約100g的太妃糖醬，再擺滿香蕉片。

Step 4
〔裝飾〕

1. 鮮奶油與細砂糖倒入調理碗，邊泡冰水邊攪打至8分發的狀態，塗抹於整體。
2. 擺上裝飾用的香蕉片、消化餅，太妃糖醬填入擠花袋擠在表面即完成。

Point

由於內餡已有太妃糖醬，最後裝飾用量請斟酌，以免過甜。太妃糖醬放置一段時間會變硬，微波加熱就會變軟。為保留麥維他（McVitie's）消化餅（圖a）的酥脆口感，要吃之前再放裝飾用食材。

a

Spicy Nuts Cakewich
香料堅果三明治蛋糕

Lemon Cakewich
檸檬凝乳三明治蛋糕

Spicy Nuts Cakewich

香料堅果三明治蛋糕

堅果散發豐富香氣的三明治蛋糕。裝飾的奶油起司也加了肉桂，襯托出脆口堅果的美味，令人欲罷不能。除了紅茶、印度拉茶、咖啡，配葡萄酒也對味的個性派甜點。

材料〔直徑約16cm的圓形1個〕

白吐司⋯⋯ 12 片

乳霜狀奶油⋯⋯適量
　（作法請參閱p.6）

▢ 內餡

A │ 綜合堅果⋯⋯ 100g
　│ 杏仁片⋯⋯ 20g

B │ 細砂糖⋯⋯ 45g
　│ 奶油⋯⋯ 30g
　│ 鮮奶油⋯⋯ 30ml
　│ 蜂蜜⋯⋯ 15g

C │ 肉桂粉⋯⋯撒 8 次
　│ 薑粉⋯⋯撒 4 次
　│ 肉豆蔻粉⋯⋯撒 4 次
　│ 丁香粉⋯⋯撒 1 次

鮮奶油（35％）⋯⋯ 100g
細砂糖⋯⋯ 1 大匙

▢ 裝飾用奶油
奶油起司⋯⋯ 200g
糖粉⋯⋯ 3 大匙
鮮奶油（35％）⋯⋯ 1 大匙
肉桂粉⋯⋯ 1／4 小匙

▢ 裝飾用食材
香料堅果（從內餡取一部分使用）⋯⋯適量

作法

Step 1

〔製作內餡〕

1. 製作香料堅果：取一小鍋，倒入材料B加熱，邊加熱邊攪拌，直到變成焦糖色。接著加材料C混拌，再加材料A拌勻，倒入托盤等容器攤平冷卻（稍微變冷後，用手把堅果分開，凝固後的形狀較漂亮）。冷卻凝固後，取一半分量，用擀麵棍等物敲碎。

▢ 剩下的一半留起來做裝飾用。

2. 製作發泡奶油：調理碗內倒入鮮奶油與細砂糖，邊泡冰水邊攪打至8分發的狀態。

Step 2

〔排列吐司〕

請參閱p.7「三明治蛋糕的作法」Step 2的吐司剪法，把吐司用直徑16cm的紙型修剪，擺在盤內排成圓形。

Step 3

〔夾餡〕

請參閱p.7「三明治蛋糕的作法」Step 3的1～5，做成2層。

先把吐司塗抹厚厚的發泡奶油，再撒上適量的香料堅果。

Step 4

〔裝飾〕

1. 製作裝飾用奶油：請參閱p.9「奶油糖霜」的作法，最後加肉桂粉混拌。

2. 整體均勻地塗抹裝飾用奶油，擺上留下來做裝飾用的香料堅果即完成。

Point

可依個人喜好酌量增減香料，但「肉桂粉2：薑粉1：肉豆蔻粉1」的比例請不要改變。丁香的香味較強烈，少量即可。

Lemon Cakewich

檸檬凝乳三明治蛋糕

使用英國傳統抹醬「檸檬凝乳（Lemon Curd）」製成的清爽風味三明治蛋糕。英國王室御用的 WILKIN & SONS「TIP TREE 檸檬凝乳」（圖 a）做出來的味道最正宗。做好後，請搭配美味的紅茶一起享用！

材料〔約寬 5×長 4.5×高 5cm 4 個〕

白吐司……3 片

◎ 內餡
市售檸檬凝乳……適量
消化餅……8 片

◎ 裝飾用奶油
優格奶油……**基本量**
（作法請參閱 p.9）

◎ 裝飾用食材
檸檬皮……10g

A｜ 細砂糖……1 大匙
　｜ 檸檬汁……1 大匙
　｜ 水……1 大匙

作法

Step 1
〔製作內餡〕
備妥內餡的材料。

Step 2
〔排列吐司〕
吐司切成 4 等分，各取 1 片擺在盤內。

Step 3
〔夾餡〕
請參閱 p.7「三明治蛋糕的作法」Step 3 的 2～5，做成 2 層。

□ 吐司塗抹略厚的檸檬凝乳，而非乳霜狀奶油，接著擺上 1 片消化餅。超出吐司的消化餅請切除。

Step 4
〔裝飾〕
1. 檸檬皮用削皮器削薄後，切成細絲。取一小鍋，放入檸檬皮與材料 A，煮至幾乎沒有水分且變軟的狀態。
2. 整體均勻地塗抹優格奶油，最後擺上 1 的檸檬皮即完成。

□ 請勿放在冰箱冰太久，才能品嚐到消化餅的酥脆口感。

Point
本書介紹的是可愛的小尺寸，如果覺得麻煩，可以不切吐司，做成大尺寸的。濃郁的檸檬凝乳是檸檬汁加奶油、蛋、砂糖煮稠的英國傳統抹醬。消化餅建議使用麥維他（McVitie's）消化餅（請參閱 p.75）。

a

Chocolate Spread & Banana Cakewich

巧克力醬香蕉三明治蛋糕

這款三明治蛋糕很適合當成孩子的點心。本書使用的巧克力抹醬是義大利的「能多益（Nutella）榛果可可醬」（圖a）。榛果風味在歐洲各國很受歡迎。吐司直接塗上這款抹醬就很好吃，配麵包也很對味。

材料〔約寬9×長20×高6.5cm 1條〕

吐司……8片
乳霜狀奶油……適量
　（作法請參閱p.6）

□ 內餡
香蕉……3條
巧克力抹醬……約100g

□ 裝飾用奶油
奶油起司……200g
巧克力抹醬……50g

□ 裝飾用食材
烤過的核桃（大略切碎）……適量
巧克力（用削皮刀削成碎屑）……適量

作法

Step 1
〔製作內餡〕
香蕉斜切成5～7mm寬的片狀，可淋上少許檸檬汁（材料分量外），防止香蕉變黑。

Step 2
〔排列吐司〕
將2片吐司放在盤內排成長方形。

Step 3
〔夾餡〕
請參閱p.7「三明治蛋糕的作法」Step 3的1～5，做成3層。

□吐司是塗約1／3量的巧克力抹醬，而非乳霜狀奶油，再擺滿香蕉片。

Step 4
〔裝飾〕
1. 將裝飾用奶油的材料倒入調理盆，仔細拌勻（請留意不要結塊）。
2. 整體大略地塗抹裝飾用奶油。
3. 最後放核桃碎與巧克力碎屑做裝飾。

Point
裝飾用的巧克力可依喜好選用任一品牌的板狀巧克力，但巧克力抹醬建議使用「能多益（Nutella）榛果可可醬」，這與其他巧克力抹醬的味道截然不同。

a

Tiramisu Cakewich

提拉米蘇三明治蛋糕

義大利的知名甜點提拉米蘇也能做成三明治蛋糕！通常是用手指餅乾等製作，改用吐司後，甜度降低不少。使用慕斯圈做成一人份的迷你三明治蛋糕。晚餐後搭配義式濃縮咖啡一同享用。

材料〔直徑8×高5cm的圓形4個〕

白吐司……12片

◻ 內餡

A｜ 濃縮咖啡……50ml
　　細砂糖……1大匙
　　蘭姆酒……1小匙

馬斯卡彭奶油……基本量
　（作法請參閱p.9）
蛋白……1顆的量

◻ 裝飾用食材

可可粉、薄荷……各適量

作法

Step 1

〔製作內餡〕

1. 把材料A倒入調理碗拌勻，做成咖啡甜酒。
2. 另取一調理碗倒入蛋白，用打蛋器攪打成質地硬挺的蛋白霜。接著大略混拌馬斯卡彭奶油。

Step 2

〔排列吐司〕

將吐司用直徑8cm的慕斯圈壓成圓形。

Step 3

〔夾餡〕

1. 吐司的雙面用刷毛塗上咖啡甜酒。
2. 在盤子裡放入慕斯圈，依序疊放：1的吐司、2的奶油（約1cm厚）、1的吐司、2的奶油（約1cm厚）、1的吐司。
3. 放進冰箱冷藏1小時以上，讓奶油定型。

Step 4

〔裝飾〕

上面撒滿可可粉，拿掉慕斯圈，擺上薄荷做裝飾即完成。

Point

如果沒有濃縮咖啡，可將即溶咖啡泡得略為濃稠來代替。咖啡甜酒用毛刷塗抹，能夠避免吐司吸收太多水分而破裂。這款三明治蛋糕較柔軟，請務必使用慕斯圈組裝。

Dark Cherry Cakewich

黑森林三明治蛋糕

以德國傳統點心「黑森林蛋糕（Schwarzwälder Kirschtorte，又稱黑森林櫻桃蛋糕）」為概念的迷你三明治蛋糕。裝飾的奶油起司加了黑櫻桃泥，變成討喜的粉紅色。適合當作下午茶的招待茶點。

材料〔直徑8×高6cm的圓形3個〕

白吐司……9片
乳霜狀奶油……適量
　　（作法請參閱p.6）

▢ 內餡
黑櫻桃（罐頭，瀝乾糖水）……170g
巧克力（切碎）……30g

A｜黑櫻桃（罐頭，瀝乾糖水）……50g
　｜黑櫻桃（罐頭）的糖水……1／2大匙

鮮奶油（35%）……100ml
細砂糖……1大匙

▢ 裝飾用奶油
糖霜奶油……基本量
　　（作法請參閱p.9）
黑櫻桃泥（取A的一部分使用）……1大匙

▢ 裝飾用食材
黑櫻桃（罐頭，瀝乾水分）……3顆
薄荷……3片

作法

Step 1

〔製作內餡〕

1. 將材料A倒入調理機打成泥狀。

▢ 打好的黑櫻桃泥也要加進裝飾用奶油裡，請舀1大匙備用。

2. 調理碗內倒入鮮奶油與細砂糖，邊泡冰水邊攪打至8分發的狀態。加1大匙的1混拌，做成黑櫻桃奶油。

Step 2

〔排列吐司〕

將吐司用直徑8cm的慕斯圈壓成圓形。

Step 3

〔夾餡〕

請參閱p.7「三明治蛋糕的作法」Step 3的2～5，做成2層。

▢ 先把吐司均勻地塗抹黑櫻桃奶油，再放約5粒黑櫻桃，撒上適量的巧克力碎屑。

Step 4

〔裝飾〕

1. 製作裝飾用奶油：起司糖霜奶油的鮮奶油部分，改成預留的1大匙黑櫻桃泥拌勻。
2. 整體均勻地塗抹裝飾用奶油。
3. 擺上黑櫻桃與薄荷做裝飾，最後依個人喜好撒上糖粉（材料分量外）。

Point

黑櫻桃是使用S&W「Dark Sweet Cherries in Extra Heavy Syrup」。巧克力只是點綴用，請勿放太多！建議使用脆口的「瑞士三角巧克力（Toblerone）蜂蜜杏仁果口味」（圖a），如果買不到，可選用個人偏好的其他巧克力。

a

Orange & Grapefruits Cakewich

柳橙葡萄柚三明治蛋糕

以柳橙與葡萄柚為主角，很適合在夏天品嚐的三明治蛋糕。柑橘類水果和卡士達醬的組合酸甜爽口，讓人一口接一口。搭配冰茶很對味，可當作炎夏午後的午茶小點。

材料〔約寬9×長20×高8cm 1個〕

白吐司……10 片
乳霜狀奶油……適量
（作法請參閱p.6）

□ 內餡
柳橙……5個（含裝飾用）
白葡萄柚……3個（含裝飾用）

A	蛋黃……3顆
	牛奶……250ml
	細砂糖……45g
	低筋麵粉……25g
	香草莢（刮取香草籽使用）……1／2根
	無鹽奶油……15g

□ 裝飾用奶油
糖霜奶油……基本量的 1.5 倍
（作法請參閱p.9）

□ 裝飾用食材
柳橙……6瓣
白葡萄柚……6瓣
薄荷……6～7 片

作法

Step 1

〔製作內餡〕

1. 柳橙與葡萄柚只取果瓣（將果肉切成瓣狀），用廚房紙巾等物仔細擦乾水分。
□ 各取 6 片形狀較整齊的果瓣留做裝飾用。

2. 用材料 A 製作卡士達醬：在調理碗內倒入蛋黃和細砂糖，用打蛋器攪打至變白的狀態後，篩入低筋麵粉混拌。

3. 取一小鍋倒入牛奶和香草籽，加熱至快煮滾的狀態，接著少量地加進 2 裡。

4. 再把 3 倒回小鍋加熱，邊加熱邊持續攪拌成乳霜狀，直到煮滾。

5. 關火，加奶油混拌，倒入托盤等容器，放進冰箱冷藏。
□ 使用卡士達醬之前，先用橡皮刮刀等物攪拌至柔滑。

Step 2

〔排列吐司〕

將2片吐司放在盤內排成長方形。

Step 3

〔夾餡〕

請參閱p.7「三明治蛋糕的作法」Step 3 的 1～5，做成 4 層。
□ 第1層先均勻地塗抹卡士達醬，接著排滿柳橙。然後以相同作法，第2層排滿葡萄柚，第3層排滿柳橙，第4層排滿葡萄柚。

Step 4

〔裝飾〕

1. 整體均勻地塗抹起司糖霜奶油。

2. 取一部分的起司糖霜奶油填入裝有星形花嘴的擠花袋，在上面的四邊擠出圍邊。

3. 最後交疊擺放柳橙與葡萄柚，放上薄荷做裝飾即完成。

Point

建議使用西班牙瓦倫西亞（Valencia）產的柳橙與佛羅里達州的葡萄柚。每一片果瓣的大小不同，直接使用無法鋪成漂亮的斷面。為使內餡用的水果厚度均一，切平是訣竅。

Granola Berry Cakewich

莓果穀麥三明治蛋糕

穀麥原本是紐約的某療養院為患者特製的健康食品。近年添加了堅果與果乾變得更加可口，在日本也頗受歡迎。本書試著用穀麥加莓果做成三明治蛋糕，穀麥的口感也是美味的關鍵。

材料〔約寬10×長8.5×高6cm的三角形3個〕

吐司……約5片
乳霜狀奶油……適量
　（作法請參閱p.6）

□ 內餡
草莓…… 10～15顆
鮮奶油（35%）…… 150ml
細砂糖…… 1又1／2大匙

□ 裝飾用奶油
優格奶油……基本量
　（作法請參閱p.9）

□ 裝飾用食材
市售穀麥、草莓（切成約5mm丁狀）、冷凍紅醋栗……各適量
砂糖……25g
水……1小匙

作法

Step 1
〔製作內餡〕

1. 草莓切成寬約5mm的片狀，用廚房紙巾等物擦乾水分。
2. 調理碗內倒入鮮奶油與細砂糖，邊泡冰水邊攪打至8分發的狀態。

Step 2
〔排列吐司〕

吐司對半切開，切成三角形。

Step 3
〔夾餡〕

請參閱p.7「三明治蛋糕的作法」Step 3的2～5，做成2層。

□ 把吐司塗上略厚的發泡奶油，再擺放草莓片。

Step 4
〔裝飾〕

1. 塗抹優格奶油，放進冰箱冷藏約1小時。
2. 擺上穀麥、草莓、紅醋栗做裝飾。
3. 糖粉加水調成糖霜，填入擠花袋擠在表面。

Point

內餡的細砂糖分量請依個人喜好斟酌。穀麥是使用Calbee的「FURUGURA」。為保留酥脆的口感，食用前再擺上去做裝飾。

Cookie & Cream Cakewich

奧利奧餅乾奶油三明治蛋糕

大人小孩都愛的「奧利奧夾心餅」變身迷你三明治蛋糕。加了切碎的美國櫻桃和巧克力
提味，吃多了也不會膩。裝飾的部分還用了可愛的迷你奧利奧。配咖啡或可可、奶茶都
對味的冰甜點。

材料〔約寬4.5×長5×高5cm 8個〕

白吐司……4片

□ 內餡

奧利奧夾心餅（刮掉奶油夾心）……8片

A 奶油起司……100g
　糖粉……10g
　檸檬汁……1／2大匙
　白巧克力（切成5mm丁狀）……15g
　美國櫻桃（去籽，切成5mm丁狀）……20g
　鮮奶油（35%）……20ml
　奧利奧夾心餅（刮掉奶油夾心）……20g（約3
片）

□ 裝飾用食材

發泡奶油……約1大匙
迷你奧利奧……8個
薄荷……8片

作法

Step 1

〔製作內餡〕

1. 用材料A製作奧利奧起司奶油：調理碗內倒入奶油
　起司，攪拌至變軟後，加糖粉、檸檬汁混拌。將鮮
　奶油攪打至8分發的狀態。

□ 打發的鮮奶油留1大匙留做裝飾用。

2. 加進略為壓碎的奧利奧餅乾、櫻桃、白巧克力略為
　混拌。

3. 取2片奧利奧餅乾夾入2，放進冰箱冷凍15分鐘以
　上。

□ 放冷藏會讓餅乾變軟，所以必須放冷凍急速冷卻。

Step 2

〔排列吐司〕

吐司切成4等分（以劃十字的方式）。

Step 3

〔夾餡〕

把冷凍過的內餡夾入吐司。

Step 4

〔裝飾〕

擺上先前留下來的發泡奶油，放迷你奧利奧與薄荷做
裝飾即完成。

Point

內餡用的水果可依個人喜好更換，盡量選用莓果類等水分少
的水果。白巧克力是用Hershey's的「白巧克力脆片」。從奧
利奧刮除的奶油夾心可用來做其他點心，請勿丟掉。

GreenTea & Azuki Beans Cakewich

抹茶紅豆三明治蛋糕

這是一款迷你三明治蛋糕，抹茶馬斯卡彭奶油與紅豆的甜味堪稱絕配。酸酸甜甜的覆盆子讓整體的味道有層次。小金磚的外形也很可愛。當成日式甜點，配抹茶或日本茶一起享用。因為這款三明治蛋糕小巧精緻且方便攜帶，也是不錯的伴手禮。

材料〔約寬3×長10×高5cm 4個〕

白吐司……4 片
乳霜狀奶油……適量
（作法請參閱 p.6）

▢ 內餡
水煮紅豆（罐頭）……80g
覆盆子……20～30 個

A 馬斯卡彭奶油……基本量的 1／2
（作法請參閱 p.9）
抹茶……1／2 大匙
熱水……1 大匙
鮮奶油（35％）……50ml

▢ 裝飾用奶油
抹茶馬斯卡彭奶油（從 A 取一部分使用）……適量

▢ 裝飾用食材
抹茶……適量
覆盆子……4 個

作法

Step 1
〔製作內餡〕

用材料 A 製作抹茶馬斯卡彭奶油：抹茶粉用熱水溶解後，加入馬斯卡彭起司，再加打至 8 分發的鮮奶油大略混拌。

Step 2
〔排列吐司〕

將 1 片吐司橫切成 3 等分，盤內各擺 1 片。

Step 3
〔夾餡〕

1. 請參閱 p.7「三明治蛋糕的作法」Step 3 的 2～5，做成 2 層。

▢ 先在吐司上塗抹 10g 的紅豆，再把 2～3 粒覆盆子掰碎擺得密集一點。接著輕放約 2 小匙的抹茶馬斯卡彭奶油。

2. 以相同作法製作剩下的 3 個。

Step 4
〔裝飾〕

整體均勻地塗抹裝飾用奶油，放覆盆子做裝飾，最後撒上抹茶粉即完成。

Point

請選用優質、香氣濃郁的抹茶粉，抹茶會影響整體的味道或顏色，請斟酌調整分量。馬斯卡彭奶油遇熱容易分離，充分冷卻後再使用，或是邊泡冰水邊操作。

Piña Colada Cakewich

鳳梨可樂達三明治蛋糕

源自波多黎各的調酒「鳳梨可樂達」變成三明治蛋糕！蘭姆酒的香氣與椰子風味，夏季
感十足。將吐司與內餡裝在可林杯（Collins glass），擺上萊姆片裝飾，做成調酒風格。
想嘗試略具特色的甜點時，請試做看看。

材料〔直徑5.5×高15cm的可林杯3個〕

白吐司……9片

◻ 內餡
鳳梨（罐頭）……12片
椰子粉……適量

A | 蛋黃……3顆
  | 牛奶……250ml
  | 細砂糖……45g
  | 低筋麵粉……25g
  | 香草莢（刮取香草籽使用）……1／2根
  | 無鹽奶油……15g
  | 白蘭姆酒……1又1／2大匙

◻ 裝飾用奶油
優格奶油……基本量

◻ 裝飾用食材
鳳梨……6小塊
萊姆……3片
薄荷……3片

作法

Step 1

〔製作內餡〕

1. 鳳梨瀝乾水分，每片切成約10等分。
2. 用材料A製作卡士達醬：請參閱p.87的Step2～5，
   白蘭姆酒在使用前加，拌至柔滑。

Step 2

〔排列吐司〕

吐司用可林杯壓成小圓形，數量約9片。

◻ 吐司壓得比可林杯小一點，放的時候比較好放。

Step 3

〔夾餡〕

依序在可林杯內放：1片吐司，加卡士達醬、鳳梨
（往卡士達醬裡塞數塊）、優格奶油、鳳梨（為了做出
明顯的層次，大概是放1片的量）、撒椰子粉（2～3
撮）。

◻ 重複相同的作法，做到第3層。

Step 4

〔裝飾〕

最後一層放優格奶油，接著擺鳳梨、薄荷、萊姆做裝
飾，最後撒上椰子粉即完成。

Point

奶油填入擠花袋能夠擠出漂亮的層次。因為是卡士達醬與優
格的雙重奶油餡，不想吃太甜的人，優格奶油的糖粉請減少
約5g。

CAKEWICH by Japan Sandwich Association
Copyright © Japan Sandwich Association/ PARCO CO. LTD., 2016
All rights reserved.
Original Japanese edition published by Parco Publishing

Traditional Chinese translation copyright © 2018 by Faces Publications, A Division of Cité
Publishing Ltd.
This Traditional Chinese edition published by arrangement with Parco Publishing
through HonnoKizuna, Inc., Tokyo, and AMANN CO., LTD.,Taipei.

生活風格　FJ1061

Cakewich！北歐三明治蛋糕：

以吐司為基底，三道工序、免烤箱、免烤模，41道三明治蛋糕輕鬆上桌
北欧生まれのおもてなしサンドイッチ 「Cakewich」ケーキイッチ

作　　　者　日本三明治協會 （日本サンドイッチ協会）
譯　　　者　連雪雅
編 輯 總 監　劉麗真
責 任 編 輯　許舒涵
封 面 設 計　韓衣非
行 銷 企 劃　陳彩玉、陳玫潾、朱紹瑄

發　行　人　涂玉雲
總　經　理　陳逸瑛
出　　　版　臉譜出版
　　　　　　城邦文化事業股份有限公司
　　　　　　台北市民生東路二段141號5樓
　　　　　　電話 ： 886-2-25007696　傳真 ： 886-2-25001952
發　　　行　英屬蓋曼群島商家庭傳媒股份有限公司城邦分公司
　　　　　　台北市中山區民生東路二段141號11樓
　　　　　　客服專線 ： 02-25007718 ； 25007719
　　　　　　24小時傳真專線 ： 02-25001990 ； 25001991
　　　　　　服務時間 ： 週一至週五上午09:30-12:00 ； 下午13:30-17:00
　　　　　　劃撥帳號 ： 19863813　戶名 ： 書虫股份有限公司
　　　　　　讀者服務信箱 ： service@readingclub.com.tw
　　　　　　城邦網址 ： http://www.cite.com.tw
香港發行所　城邦 （香港） 出版集團有限公司
　　　　　　香港灣仔駱克道193號東超商業中心1樓
　　　　　　電話 ： 852-25086231或25086217　傳真 ： 852-25789337
　　　　　　電子信箱 ： citehk@biznetvigator.com
新馬發行所　城邦 （新、 馬） 出版集團
　　　　　　Cite （M） Sdn. Bhd. （458372U）
　　　　　　41, Jalan Radin Anum, Bandar Baru Sri Petaling,
　　　　　　57000 Kuala Lumpur, Malaysia.
　　　　　　電話 ： 603-90578822　傳真 ： 603-90576622
　　　　　　電子信箱 ： cite@cite.com.my
一 版 一 刷　2018年5月

城邦讀書花園
www.cite.com.tw

ISBN　978-986-235-664-7
版權所有 · 翻印必究 （Printed in Taiwan）
售價：NT$ 340
（本書如有缺頁、 破損、 倒裝， 請寄回更換）

國家圖書館出版品預行編目資料

Cakewich！北歐三明治蛋糕：以吐司為基底，
三道工序、免烤箱、免烤模，41道三明治蛋糕
輕鬆上桌／日本三明治協會著；連雪雅譯.--
一版. -- 臺北市：臉譜，城邦文化出版；家庭傳
媒城邦分公司發行, 2018.05
面；　公分.--（生活風格；FJ1061）

譯自：北欧生まれのおもてなしサンドイッチ
　　　「Cakewich」ケーキイッチ

ISBN　978-986-235-664-7（平裝）

1. 點心食譜

427.16　　　　　　　　　　　　　　107005475